トラフグ物語
生産・流通・消費の構造変化

松浦 勉 著

農林統計協会

まえがき

　明治時代の大阪や東京のフグ料理屋は、フグ汁を出すことが多かった。大阪ではトラフグ、東京ではマフグを使用した。トラフグの刺身は幕末に山口県で始まり、東京には大正年間（1912〜1926年）、大阪には1960年代以降食されるようになった。

　コース料理に利用されるフグは高品質な身質が要求され、天然フグが多かった頃にはフグ延縄漁業により漁獲されたものを使用した。フグ延縄漁業の主な漁場は、当初、瀬戸内海と九州・山口北西海域であったが、1965年頃以降黄海・東シナ海、1989年以降太平洋中海域（静岡県〜三重県）にも拡大した。

　戦後のフグ消費の増加により、瀬戸内海と九州・山口北西海域の漁獲量だけでは足らなくなると、産卵親魚の蓄養が行われ、黄海・東シナ海でも漁獲された。1980年代後半以降、天然トラフグだけでは供給が追いつかなくなると、養殖トラフグの生産量が増加し、現在では養殖トラフグがトラフグ供給量の大半を占めるようになった。

　トラフグの消費は大阪から始まったが、養殖トラフグの生産量が大幅に増加したことに伴い、全国に流通網が拡大したため、東京や名古屋などでも消費量が増加した。また2000年頃から、天然物と養殖物のトラフグ産地でも、宿泊客にフグ料理を提供するところが増えてきた。

　本書では、戦後から現在に至るフグ延縄漁業並びにトラフグの蓄養業及び養殖業の生産構造の変化、フグの流通構造、消費構造の変化を明らかにする。このため、本書は、第1章：フグ延縄漁業の生産構造の変化（漁業編）、第2章：トラフグの蓄養業と養殖業の生産構造の変化（蓄養殖業編）、第3章：フグ流通構造の変化（流通編）、第4章：フグ消費構造の変化（消費編）と、補論：マフグの漁業生産と消費の動向、から構成される。

　2014年7月に水産庁が開催した「資源管理のあり方検討会」において、トラフグはマサバ（太平洋系群）、スケトウダラ（日本海北部系群）、太平洋クロマ

グロとともに、資源管理を強化すべき4魚種の1つとされた。今後天然トラフグ資源を回復させるために、積極的な施策が講じられようとしている。

　本書が、天然トラフグ漁獲量の回復とトラフグ養殖経営の安定化、フグ消費の拡大に少しでも役立つことができれば幸甚である。

松浦　勉

目　次

まえがき …………………………………………………………………………… i

序　章　研究の分析視点、課題、方法 ………………………………… 1
第1節　問題意識と課題 ……………………………………………………… 1
第2節　研究史との関連 ……………………………………………………… 2
第3節　構成と研究方法 ……………………………………………………… 2

第1章　フグ延縄漁業の生産構造の変化（漁業編）……………… 5
第1節　瀬戸内海におけるフグ延縄漁業の生産構造の変化 ………… 5
　1．延縄による県別トラフグ漁獲量の動向 ……………………………… 5
　　（1）瀬戸内海西部海域 ………………………………………………… 6
　　（2）瀬戸内海東部海域 ………………………………………………… 8
　2．主要地区（山口県周南市粭島）におけるフグ延縄漁業の動向 ……… 9
　3．瀬戸内海における産卵親魚の漁獲動向 …………………………… 11
　　（1）備讃瀬戸 …………………………………………………………… 11
　　（2）布刈瀬戸 …………………………………………………………… 13
　　（3）「づぼらや」における産卵親魚の利用状況 …………………… 13
　4．瀬戸内海におけるトラフグ漁業管理 …………………………… 14
　コラム1：フグ延縄技術の伝播 ………………………………………… 16

第2節　黄海・東シナ海におけるフグ延縄漁業の生産構造の変化
　……………………………………………………………………………… 17
　1．黄海・東シナ海におけるフグ延縄漁業の動向 …………………… 17
　2．延縄による県別トラフグ漁獲量の動向 …………………………… 20
　　（1）山口県 ……………………………………………………………… 20

（2）佐賀県 ……………………………………………………………22

3．主要地区（山口県萩市越ヶ浜）におけるフグ延縄漁業の動向 ……24

4．黄海・東シナ海における漁業規制の変遷 …………………………26

コラム2：萩地区延縄漁船乗組員の大量離職 …………………………28

第3節　九州・山口北西海域におけるフグ延縄漁業の生産構造
　　　の変化 ……………………………………………………………30

1．延縄による県別トラフグ漁獲量の動向 ……………………………30

（1）福岡県 ……………………………………………………………30

（2）長崎県 ……………………………………………………………31

2．主要地区（福岡県宗像市鐘崎）におけるフグ延縄漁業の動向 ……32

3．九州・山口北西海域におけるトラフグ漁業規制の変遷 …………33

コラム3：フグの祭り ……………………………………………………35

第4節　太平洋中海域におけるフグ延縄漁業の生産構造の変化 ………36

1．延縄による県別トラフグ漁獲量の動向 ……………………………36

（1）三重県 ……………………………………………………………36

（2）愛知県 ……………………………………………………………37

（3）静岡県 ……………………………………………………………38

2．主要地区（三重県志摩市安乗）におけるフグ延縄漁業の動向 ……39

3．太平洋中海域におけるトラフグ漁業規制の変遷 …………………40

4．太平洋中海域におけるトラフグ漁業管理 …………………………42

コラム4：旅漁 …………………………………………………………44

第5節　主要な地区・海域におけるフグ延縄漁業の比較分析 …………45

1．フグ延縄における漁具漁法の変遷 …………………………………45

（1）山口県周南市粭島における底延縄漁具の開発 …………………45

（2）山口県萩市越ヶ浜における浮延縄漁具の開発 …………………45

（3）山口県萩市越ヶ浜における松葉の開発 ················· 47

（4）スジ延縄漁具の開発 ··························· 49

2．スジ延縄の使用状況 ····························· 49

（1）九州・山口北西海域 ························· 49

（2）瀬戸内海西部海域 ························· 50

（3）瀬戸内海東部海域 ························· 51

（4）太平洋中海域 ··························· 51

3．トラフグ人工種苗の放流動向 ····················· 52

（1）瀬戸内海 ····························· 52

（2）九州・山口北西海域 ······················· 54

（3）太平洋中海域 ························· 54

4．フグ延縄漁業の存続条件の検討 ··················· 55

コラム5：中国西限線侵犯事件 ····················· 56

第2章　トラフグの蓄養業と養殖業の生産構造の変化

（蓄養殖業編） ································· 61

第1節　トラフグ蓄養業の生産構造の変化 ··············· 61

1．産卵親魚を利用した蓄養生産の動向 ··············· 61

（1）瀬戸内海 ··························· 62

（2）福井県 ··························· 63

2．小型トラフグを利用した蓄養生産の動向 ··········· 65

3．トラフグ蓄養の管理 ························· 66

コラム6：産卵場の縮減と産卵親魚の保護 ··········· 67

第2節　海面におけるトラフグ養殖業の生産構造の変化 ······· 68

1．海面におけるトラフグ養殖の動向 ··············· 68

2．県別トラフグ養殖の生産動向 ················· 69

（1）愛媛県 ··························· 71

（2）熊本県･･72

（3）長崎県･･72

（4）香川県･･73

（5）福井県･･74

（6）兵庫県･･74

3．主要地区（長崎県松浦市）におけるトラフグ養殖業の動向･･････75

4．トラフグ養殖の管理（特に長崎県）･････････････････････77

コラム7：ホルマリン抜きの養殖技術の開発に熊本県が貢献･･････79

第3節　陸上におけるトラフグ養殖業の動向･･････････････････80

1．トラフグ陸上養殖の動向･････････････････････････････80

2．主要産地（大分県佐伯市）におけるトラフグ養殖業の動向･････83

コラム8：浜のかあさんと語ろう会･･･････････････････････84

第4節　韓国・中国におけるトラフグの生産と消費の動向･･････････85

1．韓国におけるトラフグの生産と消費の動向･･････････････85

2．中国におけるトラフグ養殖生産の動向･･････････････････86

3．中国におけるフグ消費の動向･･････････････････････････87

コラム9：日中韓3か国の養殖フグ・シンポジウム･････････････89

第5節　国内トラフグ養殖経営体の動向･･････････････････････90

1．国産養殖トラフグ価格の動向･･････････････････････････90

2．養殖トラフグの価格と経営体数の動向･･････････････････92

3．トラフグ養殖業の存続条件の検討･･････････････････････93

コラム10：トラフグPR大使・下松翔･･････････････････････94

第3章　フグ流通構造の変化（流通編）･････････････････････97

第1節　主要産地市場におけるトラフグ流通構造の変化･････････97

1．山口県下関市におけるトラフグ流通の変化‥‥‥‥‥‥‥‥‥‥98

　　（1）下関市におけるトラフグの市場・流通・加工・消費の動向‥‥‥‥98

　　（2）下関市における天然フグの取扱動向‥‥‥‥‥‥‥‥‥‥‥101

　　2．三重県鳥羽市・志摩市安乗におけるトラフグ流通の変化‥‥‥‥‥103

　コラム11：袋セリと船上入札‥‥‥‥‥‥‥‥‥‥‥‥‥‥‥106

　第2節　主要な消費地市場におけるトラフグ流通構造の変化‥‥‥‥‥107

　　1．大阪におけるトラフグ流通の変化‥‥‥‥‥‥‥‥‥‥‥‥107

　　2．東京におけるトラフグ流通の変化‥‥‥‥‥‥‥‥‥‥‥‥109

　コラム12：フグ流通・加工の功労者、老舗フグ仲卸㈱なかお‥‥‥‥111

第4章　フグ消費構造の変化（消費編）‥‥‥‥‥‥‥‥‥‥‥113

　第1節　消費地におけるフグ消費構造の変化‥‥‥‥‥‥‥‥‥‥113

　　1．フグ消費の規制‥‥‥‥‥‥‥‥‥‥‥‥‥‥‥‥‥‥‥113

　　2．大阪におけるフグ消費の変化‥‥‥‥‥‥‥‥‥‥‥‥‥‥114

　　3．東京におけるフグ消費の変化‥‥‥‥‥‥‥‥‥‥‥‥‥‥116

　コラム13：日本一のづぼらや‥‥‥‥‥‥‥‥‥‥‥‥‥‥‥118

　第2節　産地におけるトラフグ消費構造の変化‥‥‥‥‥‥‥‥‥‥119

　　1．天然トラフグ産地の消費動向‥‥‥‥‥‥‥‥‥‥‥‥‥‥119

　　（1）愛知県‥‥‥‥‥‥‥‥‥‥‥‥‥‥‥‥‥‥‥‥‥‥119

　　（2）三重県‥‥‥‥‥‥‥‥‥‥‥‥‥‥‥‥‥‥‥‥‥‥121

　　（3）静岡県‥‥‥‥‥‥‥‥‥‥‥‥‥‥‥‥‥‥‥‥‥‥122

　　2．養殖トラフグ産地の消費動向‥‥‥‥‥‥‥‥‥‥‥‥‥‥124

　　（1）福井県‥‥‥‥‥‥‥‥‥‥‥‥‥‥‥‥‥‥‥‥‥‥124

　　（2）兵庫県‥‥‥‥‥‥‥‥‥‥‥‥‥‥‥‥‥‥‥‥‥‥125

　コラム14：夏フグの消費‥‥‥‥‥‥‥‥‥‥‥‥‥‥‥‥126

第3節　フグ消費の拡大 …………………………………………………… 127

　　コラム15：トラフグ消費が拡大した名古屋 ……………………… 130

補論　マフグの漁業生産と消費の動向 ……………………………… 133

　　1．築地市場におけるマフグの取扱動向 ………………………… 133

　　2．山口県萩地区マフグ延縄漁業の変遷 ………………………… 135

　　3．最近のマフグ消費の動向 ……………………………………… 137

　　コラム16：フグの10大ニュース ……………………………………… 139

参考資料 ……………………………………………………………………… 141

　　①瀬戸内海西部海域・中央部海域におけるフグ延縄漁業の沿革 …………… 141

　　②黄海・東シナ海及び九州・山口北西海域におけるフグ延縄漁業と

　　　資源管理の沿革 ………………………………………………………… 141

　　③太平洋中海域におけるトラフグ延縄漁業の沿革 ……………………… 143

　　④トラフグ蓄養業の沿革 ………………………………………………… 144

　　⑤海面におけるトラフグ養殖業の沿革 ………………………………… 145

　　⑥陸上におけるトラフグ養殖業の沿革 ………………………………… 146

　　⑦中国におけるトラフグ養殖業の沿革 ………………………………… 147

　　⑧下関におけるフグ流通・加工の沿革 ………………………………… 148

　　⑨大阪におけるフグ流通・消費の沿革 ………………………………… 149

　　⑩東京におけるフグ流通・消費の沿革 ………………………………… 151

　　⑪フグにおける取締・規制の沿革 ……………………………………… 151

あとがき …………………………………………………………………… 153

索引 ………………………………………………………………………… 155

序章　研究の分析視点、課題、方法

第1節　問題意識と課題

　本書は漁業編、蓄養殖業編、流通編、消費編から構成される。フグ類の中では、トラフグ・カラスフグ（魚類図鑑における正式名は「カラス」であるが、ここでは「カラスフグ」という）・マフグが高級魚とされ、これらはいずれもフグ延縄によって漁獲される。蓄養と養殖はトラフグのみが対象である。本書では、トラフグを主体としつつも、カラスフグとマフグについても言及する。

　漁業編については以下の特徴をみることができる。まずフグ延縄の漁場は、1950年代に瀬戸内海と九州・山口北西海域、1960年代半ばから広大な黄海・東シナ海、1989年から太平洋中海域での利用が活発化し、現在では黄海・東シナ海での利用がほとんどなくなった。2番目に漁具漁法は、山口県周南市 粭 島で底延縄、山口県萩市越ヶ浜で浮延縄と松葉、福岡県でスジ延縄がそれぞれ開発された。3番目に日本周辺のトラフグ資源は、日本海・東シナ海・瀬戸内海系群と伊勢・三河湾系群の2つに区分される。前者の系群は瀬戸内海に多くの産卵場を有し資源量が多かったが、産卵親魚の過剰漁獲により資源量が大幅に減少した。一方、後者の系群は産卵場が少なく分布域が狭く資源量が小さいので、資源に対する危機感が強く、積極的な資源管理が行われてきた。

　蓄養殖業編についても、以下の特徴をみることができる。まず、瀬戸内海と九州・山口北西海域の天然トラフグだけでは国内需要が賄えなくなった1960年代初めに、トラフグの蓄養（産卵親魚を冬までの半年間飼育）が盛んになった。蓄養トラフグの生産量が減少した1960年代半ばに、黄海・東シナ海でのフグ漁獲量が増加した。黄海・東シナ海の漁獲量が減少した1980年代後半に、トラフ

グの養殖が盛んになった。2番目に、1990年代に国内の養殖トラフグ価格が高い水準で推移したため、中国からの養殖トラフグ輸入量が急増し、国内産と中国産の養殖トラフグの競合が激化した。3番目に、国内のトラフグ養殖業はここ10余年間4,000トンの生産量を維持しているが、2008年に発生したリーマンショック後のトラフグ消費の減退と、養殖トラフグ価格の低下により、需要に見合った養殖生産の必要性が高まってきた。

　漁業と蓄養殖業の生産量の変動は、流通と消費に大きな影響を与えた。またトラフグは嗜好性が高いゆえに、景気変動や東京都フグ条例改正などが、養殖生産量や価格に大きな影響を与えた。

　これまでのトラフグの漁業経済、産業経済の分野において、生産構造と流通構造・消費構造の関連を分析した研究はほとんど行われていない。そこで、本書では、戦後から現在に至る生産構造の長期的な変化を分析するとともに、生産構造と流通構造・消費構造の相互関係を明らかにする。

　以下のような検討内容を通じて課題にアプローチしたい。

（1）フグ延縄が行われている主要な4海域を対象に、漁場特性と生産構造の変化等を分析するとともに、フグ延縄の存続条件を検討する。

（2）トラフグの蓄養と養殖が行われている主要県と外国を対象に、蓄養・養殖の特性と生産構造の変化等を分析するとともに、トラフグ海面養殖の存続条件を検討する。

（3）主要な産地市場と消費地市場におけるフグ流通構造の変化等を分析する。

（4）主要な消費地と産地におけるフグ消費構造の変化等を分析する。

（5）補論として、かつて東京での消費が多かったマフグ（別名、ナメラフグ）を対象に漁業生産と消費の動向を分析する。

第2節　研究史との関連

　自然科学分野におけるフグ研究は、藤田（1962）[1]などがトラフグの蓄養や種苗生産について報告した。フグ延縄漁場が黄海・東シナ海へ拡大して1975年

に北朝鮮海域で「松生丸事件」[2]が発生するなど、フグ延縄漁業が国際問題化したため、水産庁は1977年から「200海里水域内漁業資源調査」（その後の「我が国周辺水域の漁業資源評価」）により、黄海・東シナ海でのフグ資源研究を開始した。フグ漁獲量が減少する頃から、県水産試験場や日本栽培漁業協会（当時）がトラフグ養殖技術や種苗放流効果などについて報告した。また、1990年代に黄海・東シナ海から撤退して九州・山口北西海域がフグ延縄の主漁場になると、スジ延縄の普及もあり、多部田編（1997）[3]などが国内のフグ延縄漁業の実態や資源管理について報告した。

　一方、社会経済分野におけるフグ研究は、松浦（1978）[4]や廣吉（1993）[5]などが黄海・東シナ海のフグ延縄漁業の実態、松浦（1983）[6]が日本海西部海域のマフグ延縄漁業の実態について報告した。また、松浦（1996）[7]が黄海・東シナ海と九州・山口北西海域のフグ延縄漁業の変遷について報告している。その後、大坪ら（2009）[8]などが九州・山口北西海域のフグ延縄の資源管理、2000年代にトラフグ価格が下がると、濱田編（2009）（2012）[9]などがブランド化について報告した。

第3節　構成と研究方法

　本書は、「フグ延縄漁業の生産構造の変化（漁業編）」→「トラフグの蓄養業と養殖業の生産構造の変化（蓄養殖業編）」→「フグ流通構造の変化（流通編）」→「フグ消費構造の変化（消費編）」といった手順で記述している。

　これらを通して骨格となっている研究手法は、延縄・養殖について、県別トラフグ生産量の動向、主要地区における延縄・養殖の動向、トラフグ管理の実態と変化をマクロ的に把握することである。その方法の特徴は、フグ延縄とトラフグ養殖の生産動向の史実と経営実態等について、独自の把握に努めようとしたことである。

　また、トラフグの流通構造と消費構造については、主要な産地と消費地における調査対象者からの聞き取りを主体に調査を行った。即ち、既存の考察方法

4

や資料等を踏まえながらも、本研究では独自の実態調査（フグ延縄漁業者、トラフグ養殖業者、産地と消費地における加工流通業者・市場関係者、フグ料理店主、フグ料理チェーン店経営者などへの聞き取り調査を含む）を実施した。

注
1）藤田矢郎「日本産主要フグ類の生活史と養殖に関する研究」『長崎水試論文集』第2集、121pp.、1962年。
2）1975年9月、黄海北部海域において、佐賀県呼子のフグ延縄漁船「松生丸」（49.8トン）が北朝鮮海域で北朝鮮警備艇から銃撃を受け、乗組員9名のうち2名が死亡、2名が負傷した事件。
3）多部田修編『トラフグの漁業と資源管理』水産学シリーズ111、日本水産学会監修、恒星社厚生閣、138pp.、1997年。
4）松浦勉「漁獲組成からみた東シナ海・黄海におけるフグ漁業に関する2・3の知見」、『UO』No.29、pp.13-30、1978年。
5）廣吉勝治「フグ延縄漁業－西日本の主要根拠地における延縄漁業の展開を中心に－」『漁業経済研究』第37巻第4号、pp.85-113、1993年。
6）松浦勉「漁獲組成から見た日本海西部海域のナメラフグ延縄漁業に関する2・3の知見」『UO』No.32、pp.9-24、1983年。
7）松浦勉「東シナ海・黄海におけるフグ延縄漁業の変遷について」『水産技術と経営』第42巻第8号、pp.15-26、1996年。
8）大坪遼太・山本尚俊・亀田和彦「フグ延縄漁業における自主規制の変化と資源回復計画—九州・山口北西海域を事例に—」『漁業経済研究』第54巻第1号、pp.35-51、2009年。
9）濱田英嗣編『下関フグのブランド経済学Ⅰ』筑波書房、123pp.、2009年、及び濱田英嗣編『下関フグのブランド経済学Ⅱ』筑波書房、167pp.、2012年。

第1章　フグ延縄漁業の生産構造の変化（漁業編）

　トラフグは、網漁具により漁獲されると、網や他の魚と擦れて体が傷つき衰弱やストレスにより身質の価値が下がるので、高級フグ料理には延縄により漁獲されたものが使用される。

　日本周辺のトラフグは、混合系群である日本海・東シナ海・瀬戸内海系群と、独立性の高い伊勢・三河湾系群の2つに分けられる。日本海・東シナ海・瀬戸内海系群のトラフグは、日本海、黄海・東シナ海及び瀬戸内海に分布する。春に瀬戸内海や有明海で産卵、発生した仔稚魚は、産卵場周辺を生育場とし、成長に伴って広域に移動する。瀬戸内海沿岸での発生群は、豊後水道以南、紀伊水道以南、日本海、黄海及び東シナ海へ移動し、日本海沿岸や九州北西岸での発生群は、日本海、黄海及び東シナ海へ移動する[1]。また、伊勢・三河湾系群のトラフグは、紀伊半島東岸から駿河湾沿岸域を主な生息域とする系群である[2]。

　本章では、フグ延縄漁場を、①瀬戸内海、②黄海・東シナ海、③九州・山口北西海域、④太平洋中海域の4つの海域に区分して、フグ延縄漁業の生産構造の変化を述べる。

第1節　瀬戸内海におけるフグ延縄漁業の生産構造の変化

1．延縄による県別トラフグ漁獲量の動向

　瀬戸内海のトラフグは、西部海域と東部海域では延縄により、中央部海域では産卵期に網漁具や一本釣りにより漁獲される。ここでは、フグ延縄操業が行われる西部海域と東部海域における主要県のトラフグ漁獲量の推移を示す。

（1） 瀬戸内海西部海域

　瀬戸内海西部海域では、1年魚（未成魚）が主に漁獲され、9〜10月は周防灘・伊予灘、10月末〜11月は豊後水道、12月〜翌1月は日向灘で漁場が形成される。山口県・愛媛県・大分県ではフグ延縄が知事許可漁業であり、海底に釣り針を敷設する底延縄のみが使用できる。フグ延縄漁船は、現在4.9トン船（乗組員が1〜2人）が主なトン数階層であり、山口県周南市粭島、愛媛県伊方町三崎、大分県姫島などで着業隻数が多い。粭島のフグ延縄漁船は、地元の乗組員だけでは人手が足りないため、他県の人も乗せて操業方法を指導したことにより、山口県以外にもフグ延縄技術が伝播した（コラム1を参照）。

　瀬戸内海における海域別県別トラフグ漁獲量の推移（表1－1）を示した[3)4)]。漁業養殖業生産統計年報には、フグ類の漁獲量は記載されているが、トラフグの漁獲量が記載されていない。このためトラフグの漁獲量は、1980〜1994年は推定漁獲量、1995〜2001年は不明、2002〜2013年は「我が国周辺水域の漁業資源評価」に基づく漁獲量を示した。

　山口県瀬戸内海のトラフグ漁獲量は、延縄による漁獲が圧倒的に多く、1984年には571トンであったが、2002年が39トン、2013年が16トンに減少した。粭島では以前、周年フグ延縄操業を行う専業漁船が多かったが、最近ではフグに対する漁獲圧を軽減させるため、ハモ延縄を兼業する船が増加した。

　愛媛県のトラフグ漁獲量も、延縄による漁獲が圧倒的に多く、1984年には554トンであったが、2002年が20トン、2013年が15トンに減少した。愛媛県では、1960年代半ば頃7〜8トン船（5〜6人乗船）が手作業により揚縄していたが、1980年には4.9トン船に小型化し揚縄作業が機械化され、乗組員が1〜2人に減った。

　大分県のトラフグ漁獲量も、延縄による漁獲が圧倒的に多く、1987年には842トンであったが、2002年が41トン、2013年が24トンに減少した。

　瀬戸内海西部海域でフグ延縄により漁獲されたトラフグは、多くが下関へ出荷される。下関唐戸魚市場（株）に上場されるフグ類を集計した下関唐戸魚市場統計によると、瀬戸内海で水揚げされたトラフグは「内海トラフグ」として

第1章　フグ延縄漁業の生産構造の変化（漁業編）　7

表1－1　瀬戸内海における海域別県別トラフグ漁獲量の推移

(単位：トン)

| | 瀬戸内海西部海域 | | | 瀬戸内海東部海域 | | 瀬戸内海中央部海域 | | |
	山口県	愛媛県	大分県	兵庫県	徳島県	岡山県	広島県	香川県
1980年	218	164	193		35			168
1981年	157	162	184					203
1982年	199	198	145		39			186
1983年	236	274	114		65		108	392
1984年	571	554	291		114		150	417
1985年	289	369	599		62		155	276
1986年	276	539	576		105		270	544
1987年	385	566	842		142		287	332
1988年	230	417	347		61		250	240
1989年	140	458	233		137		222	312
1990年	88	399	125		104		164	472
1991年	126	478	188		104	129	133	456
1992年	143	405	357		96	98	63	317
1993年	63	322	111		93	139	68	296
1994年	77	484	144		116	121	86	277
2002年	39	20	41	31	18	16	10	15
2003年	39	22	36	32	5	9	10	11
2004年	22	21	19	26	1	3	9	16
2005年	33	19	22	16	3	12	9	20
2006年	49	24	43	19	2	10	7	17
2007年	33	22	28	23	3	7	4	13
2008年	17	20	13	17	1	10	2	45
2009年	26	29	33	21	3	6	5	18
2010年	19	25	22	10	1	6	6	7
2011年	20	22	25	17	1	9	5	17
2012年	18	21	17	6	0.2	2	3	7
2013年	16	15	24	4	0.1	6	3	17

注：1) 1980～1994年はトラフグ推定漁獲量[3]
　　2) 2002～2013年は「我が国周辺水域の漁業資源評価」[4]

扱われ、1970～1979年は100トン前後であったが、1986年には336トン、1987年には1,025トンに増加した。これは、1987年秋に1.5歳になった1986年級群（1986年生まれ）が大量発生し、記録的な漁獲になったためである。しかし、その後2016年まで目立った大量発生がみられず、2003年以降は数10トン台で推移している。

（2） 瀬戸内海東部海域

瀬戸内海東部海域では、播磨灘や紀伊水道でフグ延縄によりトラフグが漁獲されている。播磨灘は水深が浅いので底延縄が使用され、漁期が9月15日～12月半ばである。紀伊水道は水深が深く、以前には底延縄が使用されていたが、1980年代半ば以降中層に釣り針を浮かせるスジ延縄が使用され、漁期が9月15日～翌1月末である。播磨灘は紀伊水道よりも早く水温が低下するので、フグ漁の終漁期が少し早い。

フグ延縄は、主に兵庫県、徳島県が行い、自由漁業なので漁業規制が少ない。兵庫県のトラフグ漁獲量は延縄による漁獲が圧倒的に多い。1980年代後半以降スジ延縄によりトラフグが多獲されたが、漁獲量が減少した最近では、底延縄による漁獲の方が多い。兵庫県のトラフグ漁獲量は、2002年には31トンであったが、2013年には4トンに減少した。フグ延縄は、主に淡路島の福良、丸山、岩屋などで行われる。このうち、南あわじ市福良が県全体漁獲量の7割程度を占め、4.9トン船13隻が操業した。福良の延縄は対象魚種の資源変動が大きく、1980年頃までは周年タチウオを漁獲し、1980年代後半～1997年にはトラフグの漁獲の方が多かったが、1998年以降ハモの漁獲の方が多い。

徳島県のトラフグ漁獲量は、1980年が35トン、1984年には資源量の増加とスジ延縄の普及により114トンに増加し、1990年代前半には100トン前後で推移したが、その後大幅に減少し、2002年が18トン、2013年にはわずか0.1トンになった。

フグ延縄は主に美波町西由岐と阿南市椿泊で行われる。このうち、西由岐では、戦前からフグ延縄が盛んであり、以前は底延縄のみを使用したが、1980年代半ばにスジ延縄が導入された。スジ延縄が導入された直後、西由岐の底延縄漁業者はスジ延縄の導入に反対したが、スジ延縄を使用する漁業者が急増したため、スジ延縄を認めることになり、8～11月は底延縄、12月～翌3月中旬はスジ延縄を使用する。沿岸寄り海域では底延縄により1歳程度の小型魚、沖合ではスジ延縄により2歳以上の大型魚が漁獲される。スジ延縄の導入後、3年間はトラフグ漁獲量が多かったが、4年目から漁獲量が急減し、最近はほとん

ど漁獲されなくなった。

2．主要地区（山口県周南市粭島）におけるフグ延縄漁業の動向

　第1章では4つの海域別に、各海域で最もフグ延縄漁業が盛んな漁業地区を対象に漁業の動向を述べる。

　瀬戸内海でフグ延縄が最も盛んな地区は、山口県周南市粭島である。粭島は、JR徳山駅より大島半島へバスで1時間の距離にあり、橋で陸繋ぎされた面積0.6km²の小島である。この島は、明治年間（1868〜1912年）には北洋漁業に進出し、大正年間には中国山東半島、関東州に出漁し、戦前まで外地で活躍した先進的漁村であった[5]。

　粭島周辺にはトラフグの好漁場が形成され、当初は網にかかったものを捕えていたが、1877（明治10）年頃、改良前のフグ延縄漁具が粭島に伝わった。その後、粭島でトラフグ専門の延縄漁具が開発されたため（延縄漁具の詳細は第1章第5節で説明）、粭島がフグ延縄漁業の発祥の地となった。

　この当時の粭島周辺では、ほぼ周年トラフグが漁獲できたため、粭島には他の漁業を行わず、フグ延縄専業の漁船が多かった。瀬戸内海で操業するフグ延縄漁船は、1950年代後半には5〜11トン船（3〜5人乗船）が、9月中旬〜翌3月に周防灘から姫島沖合一帯（冬季には豊後水道や日向灘でも操業）で底延縄操業によりトラフグを漁獲した。また、一部の漁船は1〜2月に日本海の玄界灘で浮延縄（浮延縄はスジ延縄と同様釣り針を中層に浮かせるが、漁具は錨で固定するので移動しない）によりカラスフグも漁獲した。1970年代半ばに漁船性能が向上し、省人省力化機器が導入されたため、小型船は4.9トン船の1人操業になった。

　1960年代半ば以降、黄海・東シナ海でフグ漁場が開発されると、粭島では主に瀬戸内海で操業する小型船の他に、黄海・東シナ海に出漁する19トンと40トンの大型船も建造された。40トン船は9月〜翌3月のフグ延縄漁が終わると、鹿児島市を根拠地にしたマグロ延縄や静岡県下田市を根拠地にしたキンメダイ延縄を行ったが、その後黄海・東シナ海でのフグ漁獲量が低下すると多くが廃

業し、再び瀬戸内海でフグ延縄を行うことはなかった。一方、19トン船の中には、黄海・東シナ海でのフグ漁獲量が低下した1980年代後半から1990年代初めに19トン船の使用を止めて、4.9トン船を建造して再び瀬戸内海でフグ延縄操業を行う経営体がみられた。その場合、19トン船に兄弟や親子が2人乗船していた場合には、4.9トンを2隻建造するところもみられた。

　1988年当時、粭島が所属する旧徳山漁協におけるフグ延縄漁船は合計73隻であった。トン数階層別内訳をみると、3トン未満が11隻、3トン以上～5トン未満が45隻、5トン以上～19トン未満が14隻、19トン船が3隻であった。3トン未満船は瀬戸内海のみで操業し、3トン以上～5トン未満船の一部と5トン以上～19トン未満船は、瀬戸内海及び九州沿岸域を漁場として周年操業した。8～11月に瀬戸内海で操業する3トン以上～5トン未満船は隻数が最も多く、漁期以外はアナゴかご、一本釣り、小型機船底びき網等を兼業した[6]。

　山口県庁は瀬戸内海のトラフグ資源を保護するため、1994年頃粭島のフグ延縄漁業者に対し、ハモやアナゴなどの延縄の兼業を推奨し、フグ延縄の漁獲圧の軽減を図った。その結果、現在ではトラフグ延縄を周年行う専業船が4隻のみとなり、ハモなどの延縄を兼業する船が10数隻となった。兼業船は、9～12月頃周防灘や伊予灘で日帰りまたは1泊2日の延縄操業を行い、徳山市場でトラフグを販売している。

　一方専業船は、1月以降も周防灘や伊予灘でフグ延縄操業を継続し、操業効率を高めるため1航海3～4日操業を行い、漁獲数量がある程度まとまると4隻が同時に徳山に入港して、下関南風泊市場へ陸送する。粭島の漁船は4.9トンと船型が小さいので、1隻だけで水揚げすると漁獲尾数が少なくサイズが揃わず価格が安い。まとめて水揚げするとサイズが揃い価格が高くなるので4隻が同じ日に入港している。徳山市場のトラフグ価格は[7]、下関南風泊市場の8割程度である。

　山口農林水産統計年報により旧徳山市のフグ漁獲量をみると、1983年には285トン、1984年には卓越年級群の発生により450トンで多かったが、2003～2006年には20～30トンに減少した。

3．瀬戸内海における産卵親魚の漁獲動向

　日本海・東シナ海・瀬戸内海系群の主な産卵場は、備讃瀬戸（倉敷、高松沖）、布刈瀬戸（尾道～三原）、関門海峡～宇部沖（以上、瀬戸内海）、有明海（島原）、八代海（天草下島～長島間）、若狭湾などにあり、このうち、備讃瀬戸と布刈瀬戸の産卵規模が大きかった。1958年当時の西日本のトラフグ漁獲量は、フグ延縄が約1,000トン、産卵期に一本釣り及び定置網が約310トン、計1,400トンと推定され[8]、当時は産卵期の親トラフグ（以下、「産卵親魚」）漁獲量が現在よりもかなり多かった。

　春の産卵親魚は、冬期のトラフグに比べて毒性が強く、菜種フグと言われ、1940年代後半までは網を破る害魚として漁業者から忌み嫌われ、商品価値が低かった。しかし、1950年水産物統制の廃止により仲買人制度が復活すると、大阪市場を中心にトラフグ需要が増加した。大阪から近い距離にある備讃瀬戸と布刈瀬戸では、産卵親魚は当初一本釣りのみにより漁獲されたが、その後、小型機船底びき網、袋待網（敷網の1種）、吾智網（曳網の1種）、小型定置網により大量漁獲されるようになった。このうち、一本釣り、吾智網は潮流の速いところで行われ、小型定置網、袋待網は海域特有の複雑な地形と潮流の変化を利用して行われる。以下に、備讃瀬戸と布刈瀬戸における産卵親魚の漁獲動向を述べる。

（1）　備讃瀬戸

　備讃瀬戸における一本釣り[9]操業について、角田（1981）は、産卵期になると、何千、何万いるかわからないフグの大群が1か所に集まって、絢爛たる海底の初夜が始まり、フグ釣りのシーズンが訪れる。釣りが始まってから20日ないし25日たつと、大フグは備讃瀬戸には1尾もいないように通り過ぎる[10]、と述べている。

　1950年代前半から岡山県沿岸域でトラフグ蓄養が盛んになると、一本釣りにより漁獲された産卵親魚のうち、元気なものが蓄養種苗として利用された。この当時は、活魚輸送技術が未発達であったので、漁獲された産卵親魚は近くに

設置された蓄養場へ運ばれた。また、蓄養用以外の産卵親魚は冷凍されて、冬期に大阪のフグ料理店が使用した。

1960年代半ば以降備讃瀬戸では、新たに香川県と岡山県の小型機船底びき網と袋待網がトラフグを漁獲した。トラフグは産卵すると海底の中に潜るので、小型機船底びき網は海底にいるトラフグを、多い年には1日200〜300kgを漁獲したが、2000年頃から小型機船底びき網による漁獲量が少なくなり、最近はほとんど獲れなくなった。産卵前のトラフグは浮いて流れるため、1964年頃から袋待網がそれを漁獲した。袋待網は漁期が4月1日〜5月中旬であり、多い年には1隻が1昼夜で1トンのトラフグを漁獲した。最近の産卵親魚の漁獲は、ほとんどが袋待網によるものであり、多い時でも1晩に70〜80kgしか漁獲されない[11]。

備讃瀬戸において産卵親魚の漁獲量が多かった1960年代までの間、岡山県と香川県の漁業者が漁獲した産卵親魚は、有力なトラフグ流通業者がいる岡山県倉敷市下津井に集荷された。下津井の（有）南條水産は、トラフグ漁獲量が多かった年には、1漁期に100トン以上を扱った。大阪市場へのトラフグ出荷量は[12]、全国で下津井からのものが一番多かった年もあったが、1970年頃から下津井のトラフグ漁獲量が減少した。

備讃瀬戸で漁獲される産卵親魚は、瀬戸内海西部から来遊するものが多い。これらの産卵親魚は備讃瀬戸へ産卵回遊する際に、福山市走島周辺海域を通過するが、1980年代になって走島周辺海域に多数の小型定置網が敷設され、大量の産卵親魚を先取りしたため、備讃瀬戸での漁獲量がさらに減少した。

1980年代半ばに香川県では主に袋待網で約100トン、小型機船底びき網も含めると全体で200トン程度の産卵親魚が漁獲されたと推定される。また、岡山県の下津井を含む倉敷市の一部漁協だけで1984年には袋待網と一本釣りによって約40トンが漁獲された[13]。

また、香川県水産試験場資料によると、高松地区と庵治地区の袋待網によるトラフグ漁獲量は、2000年が9.8トン、2005年が20.5トン、2010年が6.3トン、2012年が7.2トンであり減少傾向にある。

第1章 フグ延縄漁業の生産構造の変化（漁業編） 13

（2） 布刈瀬戸

　布刈瀬戸の産卵親魚は、1950〜1960年代には一本釣りだけが漁獲した。一本
釣りの漁場は、魚群の移動に伴い布刈瀬戸から岩子島〜大久野島〜大崎上島の
木江の沖にある横島まで形成された。布刈瀬戸周辺海域には築堤式蓄養場の適
地が少ないため、漁獲された産卵親魚は、備讃瀬戸に比べて蓄養用としての利
用が少なかった。また、布刈瀬戸は備讃瀬戸に比べて産卵親魚の漁獲量が少な
いが、コールドチェーンの発達により冷凍設備が整備されたことと、産卵親魚
の価格が上昇したことにより、1974年頃以降新たに、吾智網や小型定置網でも
漁獲されるようになった。

　一本釣（吉和、因島）や吾智網（吉和）、小型定置網（走島、弓削島、田島）な
どにより、産卵親魚が漁獲された。これら5漁協によるトラフグ漁獲量は、
1981年が52トン、1985年が117トンであった。このうち吾智網は、網地が麻の
時にはトラフグの歯で網が食いちぎられるので漁獲しなかったが、網地がナイ
ロンに代わり食いちぎられることがなくなると、1974年頃から5〜6月に布刈
瀬戸で積極的にトラフグを獲るようになった。吾智網による産卵親魚の漁獲量
は、1977年には90トンを記録したが、1978〜1979年が10トン台、1981〜1984年
が20〜30トン台で推移した[14]。

（3） 「づぼらや」における産卵親魚の利用状況

　瀬戸内海における産卵親魚は、大阪のフグ料理店が使用した。産卵親魚にこ
だわるのは白子（精巣）ねらいである。産卵親魚を使用した料理店には、「づ
ぼらや」「浜藤」「治衛兵」などがあったが、ここでは、現在も産卵親魚を使用
している大阪市通天閣の「づぼらや」について述べる。

　「づぼらや」は、開業当初大阪湾周辺の天然トラフグを入手したが、需要が
増大した1962年以降、大阪湾周辺以外から天然トラフグを大量に入手するよう
になった。1962年には淡路島の洲本、岡山県の玉野と下津井、香川県の庵治か
ら入手した。1963年頃には長崎県の島原、1960年代後半には鹿児島県の長島
（東町など）、熊本県の天草から入手した。しかし、鹿児島県長島は1974年頃、

長崎県島原と熊本県天草は1978年頃に購入を止めた。広島県布刈瀬戸は1981年頃から1990年代初めまで購入したが、その後止めた。

全国的に産卵親魚が減少すると、「づぼらや」が使用する産卵親魚も減り、最近では、備讃瀬戸で袋待網により漁獲されたものを10数トン購入するにすぎない。「づぼらや」はこれまで、白子の入手を目的に産卵親魚を購入してきたが、養殖トラフグの増加により養殖物の白子を大量に使用できるようになったため、産卵親魚は商品価値が低下し需要が減少した。

4．瀬戸内海におけるトラフグ漁業管理

瀬戸内海では、従来4〜5年に一度稚魚が大量に生まれる卓越年級群が発生していたため、1980年、1984年、1987年には漁獲量が増加した。「下関唐戸魚市場統計」により「内海トラフグ取扱量」をみると、1986年には336トンであったが、卓越年級群の発生により、翌1987年には1,025トンに増加した。トラフグの資源は、4〜5年に一度発生する卓越年級群によって支えられている面が強いが、最近は卓越年級群の発生がなくなり、2014年には37トンに減少した。

唐戸魚市場統計により、1983年と2014年の内海トラフグと外海トラフグの月別取扱量（図1－1）を示した。唐戸魚市場統計では、日本海〜黄海・東シナ海で漁獲されたトラフグを「外海トラフグ」という。

トラフグの需要は10〜12月の方が1〜3月よりも多い。このため、トラフグの漁獲量は10〜12月の方が1〜3月よりも多い方が望ましい。10〜12月の外海トラフグ取扱量をみると、1983年には黄海・東シナ海での漁獲量が多かったので外海トラフグにより十分に供給されていたが、黄海・東シナ海の漁場から撤退した2014年には、外海トラフグが漁獲されなくなりほとんど供給できなくなった。一方、10〜12月の内海トラフグ取扱量をみると、1983年と2014年の瀬戸内海の操業条件は変化していないものの、1983年に比べて2014年の取扱量が大幅に減少した。これは瀬戸内海における漁獲量が激減したためである。このため、瀬戸内海のトラフグ資源を回復させることが喫緊の課題となる。

瀬戸内海のトラフグ資源の回復を図るためには、産卵親魚の保護が不可欠で

第1章　フグ延縄漁業の生産構造の変化（漁業編）　15

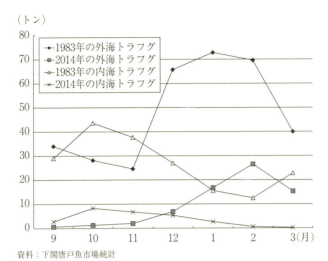

図1-1　外海と内海のトラフグ取扱量の推移（1983年と2014年）

ある。瀬戸内海の産卵親魚は、1970年代後半から瀬戸内海中央部海域で小型定置網や吾智網による漁獲圧が加わり、また後述するが、1980年代半ば以降、九州・山口北西海域でスジ延縄による新たな漁獲圧が加わったことにより、来遊量が大幅に低下した。

　瀬戸内海におけるトラフグ資源管理において最も重要なことは、産卵親魚を確保することであるので、今後産卵親魚を専獲する網漁具の操業は自粛する必要がある。

コラム１：トラフグ延縄技術の伝播

　トラフグの延縄漁具は、福岡県行橋市簑島から1877（明治10）年頃に山口県周南市粭島に伝わった。粭島ではカタガネ（１本の棒）と釣り針という画期的な漁具が考案され、粭島はフグ延縄の発祥地になった。粭島は周南工業地帯にも近く、工場へ通勤する人が多いので、フグ延縄漁船の隻数が増えると地元だけでは乗組員が不足するので、戦前から地元以外の人を乗り子として雇っていた。1930年代後半に三重県鳥羽市に水揚げした粭島フグ延縄漁船には、山口県越ヶ浜出身者が同乗していたようだ。

　大分県で良好なフグ漁場を有している姫島では、大正時代からフグ延縄が行われていたが、当時はフグの販売が下関市場に限られ販売面に問題があり、漁業としては発展しなかった。1933年に姫島の漁業者が山口県の漁船に乗り子として２年半乗り込んで技術を習得し、1936年に中古船２隻を購入して自ら操業を開始した[15]。

　長崎県のフグ延縄漁具に用いられる松葉は、山口県萩から、1954年に堂島・有家に、翌1955年に長崎市茂木に伝わった。松葉を用いるようになって、フグの歯による縄の切断が少なくなり、飛躍的に漁獲が増加した[16]。

　太平洋中海域において最初にフグ延縄が行われたのは三重県安乗であり、延縄漁具は安乗から愛知県の日間賀島や篠島へ、また愛知県日間賀島から静岡県浜名市舞阪、さらに、安乗の漁業者が千葉県に出漁すると、千葉県いすみ市大原にも伝播した。

第1章　フグ延縄漁業の生産構造の変化（漁業編）　17

第2節　黄海・東シナ海におけるフグ延縄漁業の生産構造の変化

1．黄海・東シナ海におけるフグ延縄漁業の動向

　1960年代前半以降の高度経済成長により、トラフグの需要量が増加したため、瀬戸内海の天然トラフグや蓄養トラフグの供給だけでは不足した。このようなタイミングにおいて、1965年の旧日韓漁業協定の締結をきっかけに、黄海・東シナ海のフグ延縄漁場が開発された。

　フグ漁場は、1970年までは韓国西岸沖合や黄海中央水域で主にカラスフグを漁獲していたが、1971年に中国山東半島南部の海州湾沖合、1973年には北緯38度以北（黄海北部）が開発されると、トラフグの漁獲が増加した。

　トラフグは底層に生息することが多いので主に底延縄により、カラスフグは中層に生息することが多いので主に浮延縄で漁獲される。底延縄と浮延縄は、釣り針や松葉（詳細は第1章第5節で説明）などの仕掛けが同じであり、浮標の数が少ないと沈んで底延縄、浮標の数を増やすと中層に浮かんで浮延縄になるが、いずれも錨で海底に固定されるので移動しない。

　黄海・東シナ海におけるフグ延縄漁場が最も拡大した1970年代におけるフグ延縄の漁場区分（図1－2）と、漁場別の銘柄及び魚種組成を示した（図1－3）。これらの図は、唐戸魚市場のフグ水揚げ状況の仕切り書と、フグ延縄漁船の操業状況調査（操業場所、操業日）から、年別月別漁場別漁獲状況を分析した。

　トラフグは黄海北部・韓国南岸沖合・九州・山口北西海域に多く、カラスフグは韓国西岸・黄海中央水域・黄海中央水域南部・東シナ海中央水域に多い。カラスフグは、体長50cm程度の中型種で外洋域に分布している。8～9月頃の初漁期には韓国西岸沖合に漁場が形成され、9～11月には黄海中央水域及び海州湾沖合へ拡大し、11月から済州道西に分布する。1月には黄海から魚群が見られなくなり、済州道西方から南方の東シナ海中央水域に分布し、この海域がカラスフグの越冬海域と推定される[17]。

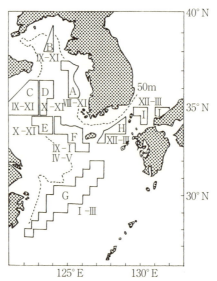

A：韓国西岸沖合、B：黄海北部、C：海州湾沖合、D：黄海中央水域、E：黄海中央水域南部、
F：済州島西の共同規制水域、G：東シナ海中央水域、H：韓国南岸沖合、I：九州・山口北西海域
図1-2　フグ延縄の漁場区分（松浦（1978）を改訂）

　黄海・東シナ海のカラスフグ資源は、1960年代前半まで延縄漁具による漁獲がほとんどなく、処女資源的な状態であった。カラスフグ取扱量（下関唐戸魚市場統計）は、1967〜1970年には3,000トンと多かったが、1979〜1986年が400〜900トン、1987年が360トン、1990年が100トンに減少、1996年以降数トンに激減した。このため、2014年国際資源保護連合（IUCN）がカラスフグをレッドリストの絶滅危惧種（１Ａ類）に指定した。
　カラスフグの漁獲量が短期間に激減した理由を考えてみる。中国山東省山東半島周辺にはカラスフグの産卵場があり[18]、稚魚が大量に分布していることが以西底びき網漁船の話として知られている。中国の海面漁業は、従来国営公司（国営企業）の漁船により行われることが多く、この当時は沿岸域で操業する隻数が少なかった。しかし、中国では1985年から水産物の価格が自由化されて魚価が上昇したことに伴い、大衆漁業（国営公司以外の小規模漁業経営体）による沿岸域での漁船隻数が急増して、山東半島周辺のカラスフグの産卵場・育成

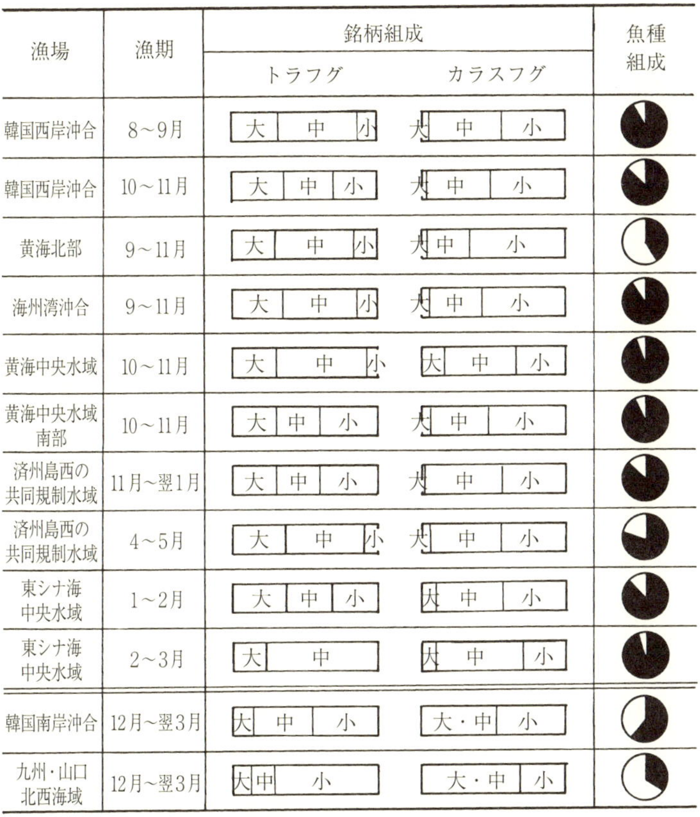

漁場	漁期	銘柄組成		魚種組成
		トラフグ	カラスフグ	
韓国西岸沖合	8~9月	大　中　小	大　中　小	◖
韓国西岸沖合	10~11月	大　中　小	大　中　　小	◖
黄海北部	9~11月	大　中　小	大　中　　小	◖
海州湾沖合	9~11月	大　中　小	大　中　　小	◖
黄海中央水域	10~11月	大　　中　　小	大　中　　小	◖
黄海中央水域南部	10~11月	大　中　小	大　中　小	◖
済州島西の共同規制水域	11月~翌1月	大　中　小	大　中　小	◖
済州島西の共同規制水域	4~5月	大　　中　小	大　中　小	◖
東シナ海中央水域	1~2月	大　中　小	大　中　小	◖
東シナ海中央水域	2~3月	大　　中	大　中　　小	◖
韓国南岸沖合	12月~翌3月	大　中　　小	大・中　小	◖
九州・山口北西海域	12月~翌3月	大中　　小	大・中　小	◖

魚種組成の空円部分がトラフグ、黒円部分がカラスフグ

図1 - 3　漁場別の銘柄および魚種組成（松浦（1978）を改訂）

場で多くの底びき網漁船が操業したため、カラスフグ資源が大幅に減少したことによると思われる[19]。

　一方のトラフグは、体長80cm以上の大型種でありカラスフグよりも内湾域に分布している。9月の初漁期には、山東半島東沖から韓国西岸寄りに漁場が形成される。10月下旬～11月上旬には海州湾沖合と韓国西岸沖合に分かれ、済州道西北、対馬の西方でも漁獲が始まり、その後、済州道西方から対馬周辺・九州並びに東シナ海中東部に漁場が形成される。産卵期が近い3月には済州道以東に分布し、五島灘・九州西北海域に接近する。黄海・東シナ海、九州・山

口北西海域では、瀬戸内海や太平洋中海域に比べて2歳魚以上の比率が高い[20]。

外海トラフグ取扱量（下関唐戸魚市場統計）は、1965〜1970年までは100トン程度と少なかったが、1971年に海州湾沖合のトラフグ漁場が開発されると500トン、1972年に北緯38度以北のトラフグ漁場が開発されると700トンに増加し、1975年には970トンに達した。

2．延縄による県別トラフグ漁獲量の動向

黄海・東シナ海には、主に山口県、佐賀県、福岡県のフグ延縄漁船が出漁したが、ここでは、北緯38度線以北の黄海北部漁場まで出漁できる20トン以上船を有した山口県と佐賀県について述べる。

（1）　山口県

山口県のフグ延縄は、主に萩地区（萩市越ヶ浜、玉江浦、大井湊、阿武町奈古等）の漁業者により行われ、漁場は当初山口県沖であったが、その後対馬周辺、済州道周辺、黄海・東シナ海へと拡大した。山口県日本海側におけるフグ延縄漁船のトン数階層別隻数の推移（表1－2）をみると、10トン以上船は、1960年には9隻であったが、1981年には139隻に増加した。1962〜1980年には「その他の延縄」の統計区分になり、「フグ延縄」隻数が不明になった。この間、黄海・東シナ海ではフグ漁場が拡大し、新たなフグ延縄漁船が建造され、また、アマダイ専業であった延縄漁船の中にフグ延縄を兼業する船も見られた。フグ延縄漁船の増隻が多かった1970年代には乗組員が不足したため、いったん都会に働きに出ていた萩地区若年者のＵターンが多数みられた。

主要トン数階層の変化をみると、1965年までは20トン以上〜30トン未満船が多かったが、1966年以降30トン以上〜50トン未満船が増加した。1972年頃北緯38度以北にトラフグの好漁場が発見されると、50トン以上〜60トン未満船（フグ延縄漁船のトン数の上限は旧日韓漁業協定上60トン未満に規制）が増加した。1990年頃以降外国漁場から撤退すると、20トン以上船が減少し、2004年には20

第1章　フグ延縄漁業の生産構造の変化（漁業編）　21

表1－2　山口県日本海側におけるフグ延縄漁船のトン数階層別隻数の推移

(単位：隻)

	漁業名称	5〜10	10〜20	20〜30	30〜50	50〜60
1957年	フグ延縄	26	5			
1958年	フグ延縄	30	10			
1959年	フグ延縄	29	13			
1960年	フグ延縄	39	9			
1961年	フグ延縄	41	12		1	
1962年	フグ延縄	56	40	12		
1962年	その他の延縄	40	58	109	4	
1963年	その他の延縄	51	84	115	5	
1964年	その他の延縄	43	77	116	6	
1965年	その他の延縄	41	91	115	4	
1966年	その他の延縄	36	76	115	25	
1967年	その他の延縄	39	77	106	46	
1968年	その他の延縄	36	70	103	57	
1969年	その他の延縄	40	70	85	83	
1970年	その他の延縄	32	71	61	113	
1971年	その他の延縄	27	65	50	134	
1972年	その他の延縄	19	61	39	146	1
1973年	その他の延縄	20	56	31	159	2
1974年	その他の延縄	28	60	12	164	9
1975年	その他の延縄	21	55	12	162	10
1976年	その他の延縄	31	52	8	145	31
1977年	その他の延縄	36	52	6	133	40
1978年	その他の延縄	46	73	6	127	48
1979年	その他の延縄	54	96	2	171	96
1980年	その他の延縄	52	70	1	106	70
1981年	フグ延縄	12	37		58	44
1982年	フグ延縄	12	36		60	45
1983年	フグ延縄	12	37		53	45
1984年	フグ延縄	12	36		42	45
				20〜50		
1985年	フグ延縄	10	31	40		41
1986年	フグ延縄	13	27	42		46
1987年	フグ延縄	18	32	45		45
1988年	フグ延縄	18	30	42		45
1989年	フグ延縄	18	29	42		42
1990年	フグ延縄	18	28	34		36
1991年	フグ延縄	17	26	31		32
1992年	フグ延縄	16	30	23		24
1993年	フグ延縄	10	23	24		19
1994年	フグ延縄	11	27	21		20
1995年	フグ延縄	18	34	18		17
1996年	フグ延縄	16	30	15		14
1997年	フグ延縄	15	33	11		8
1998年	フグ延縄	12	34	8		6
1999年	フグ延縄	14	34	6		5
2000年	フグ延縄	13	30	3		4
2001年	フグ延縄	14	32	3		3
2002年	フグ延縄	10	28	2		3
2003年	フグ延縄	9	26	1		2
2004年	フグ延縄	9	26	0		2
2005年	フグ延縄	10	26			3
2006年	フグ延縄	8	32			2

資料：山口農林水産統計年報

トン以上船（50トン以上〜60トン未満船の2隻を除く）がゼロになり、19トン船が主体になった（なお、50トン以上〜60トン未満船の2隻は、2006年当時バイかごとフグ延縄を兼業し、2015年現在バイかご専業で操業）。19トン船への小型化は、減価償却費やその他の経費の削減、乗組員不足の解消、資源に与える圧力の軽減に役立った。

　現在の19トンフグ延縄漁船は、裏作として半分ずつの隻数がそれぞれ、アマダイ延縄とバイかごを操業している。19トン船の2015年の年間水揚金額のうち、8割がフグ類（トラフグ、マフグ、サバフグ）、2割がアマダイ、バイかご[21]である。フグ類の月別の漁場と主要漁獲対象魚種は、9〜10月は山口県沖でサバフグ、11月〜翌2月は山口県沖でトラフグ、3〜4月は島根県隠岐地先でマフグを漁獲する。最近温暖化の影響により、トラフグの南下回遊時期が12月以降に遅れてトラフグを漁獲できる時期が遅くなったため、初漁期には延縄によりサバフグを漁獲する時期が長くなった。

（2）　佐賀県

　佐賀県では、大正末頃からフグ延縄を行っており、戦前には15トン以上〜19トン未満船約10隻が対馬南西海域で操業した。1952年に韓国が李承晩ラインを設定して操業水域が縮小されると、一時フグ延縄漁船の隻数が減少した。そして、1965年旧日韓漁業協定の締結により李承晩ラインが撤廃されると、フグ延縄漁船が20トン以上に大型化した。

　フグ延縄漁船のトン数階層別隻数の推移（表1－3）を示した。30トン以上船は1971年には1隻だけであったが、その後フグ延縄経営が活況を呈したため、旧呼子漁協の漁業者が山口県から30トン以上〜50トン未満船（中古船）を購入したことなどにより、1975年には7隻に増加した。しかし、1975年9月松 生丸事件の発生[22)23)]を契機に、黄海北部海域へ出漁できなくなり小型化が進み、1983年には20トン以上船がなくなった。

　現在、佐賀県でフグ延縄が最も盛んな地区は唐津市馬渡島である。馬渡島では1990年代まで19トン船が多かったが、新日中漁業協定（1997年）と新日韓漁

第1章　フグ延縄漁業の生産構造の変化（漁業編）　23

表1－3　佐賀県松浦海区におけるフグ延縄漁船のトン数階層別隻数の推移

（単位：隻）

	漁業名称	5〜10	10〜20	20〜30	30〜50	50〜60
1971年	フグ延縄		7	4	1	
1972年	フグ延縄		6	2	3	
1973年	フグ延縄		8	2	5	
1974年	フグ延縄	1	5	2	5	
1975年	フグ延縄	2	4		7	
1976年	フグ延縄	3	1		2	
1977年	フグ延縄	3	2		2	2
1978年	フグ延縄	4	6		3	
1979年	フグ延縄	5	9			＊
1980年	フグ延縄	6	14			2
1981年	フグ延縄	7	15			2
1982年	フグ延縄	5	14			2
1983年	フグ延縄	5	12			
1984年	フグ延縄	5	13			1
1985年	フグ延縄	4	14			
1986年	フグ延縄	4	13			
1987年	フグ延縄	3	14			
1988年	フグ延縄	4	15			
1989年	フグ延縄	6	14			
1990年	フグ延縄	7	14			
1991年	フグ延縄	6	14			
1992年	フグ延縄	8	12			
1993年	フグ延縄	7	15			
1994年	フグ延縄	9	12			
1995年	フグ延縄	9	13			
1996年	フグ延縄	8	15			
1997年	フグ延縄					
1998年	フグ延縄	7	15			
1999年	フグ延縄	5	14			
2000年	フグ延縄	6	13			
2001年	フグ延縄	4	12			
2002年	フグ延縄	4	12			
2003年	フグ延縄	＊	11			
2004年	フグ延縄	9	＊			
2005年	フグ延縄	10	6			
2006年	フグ延縄	11	5			

資料：佐賀農林水産統計年報
注1：＊は隻数が不明

業協定（1999年）の締結を契機に実施された減船事業（日中漁業協定関連漁業構
造再編対策事業、2002年頃〜2006年頃に実施）により、2002年以降19トン船を廃
船して7〜8トンの小型船を建造して、フグ延縄を継続する経営体が多かっ

た。

　聞き取り調査により2004年の馬渡島のフグ延縄漁船26隻のトン数階層別内訳をみると、表1－3とは隻数が異なるが、5トン以上～10トン未満船が10隻で一番多い。その他に、19トン船が4隻、10トン以上～15トン未満船が3隻、5トン以上～10トン未満船が10隻、5トン未満船が9隻であった[24]。7～9トン船は兄弟・親子の2人操業が多く、他人を雇用しないので、フグ延縄経営が安定している。馬渡島のフグ延縄漁船は[25]、10～12月には壱岐周辺で底延縄、12月～翌3月には対馬沖でスジ延縄による操業を行う。

　佐賀県フグ延縄漁船によるフグ類（トラフグとカラスフグが主体）漁獲量は、1974年には180トンであったが、松生丸事件が発生した翌年の1976年には56トンに減少した。また、スジ延縄導入前の1984年のフグ類漁獲量は99トンであったが、導入後の1985年には236トンに増加、1991年まで100トン以上を維持したが、以後減少し2006年が16トンであった。

3．主要地区（山口県萩市越ヶ浜）におけるフグ延縄漁業の動向

　山口県と佐賀県において、フグ延縄が最も盛んな地区は、山口県萩市越ヶ浜であり、明治時代から行われている。越ヶ浜のフグ延縄漁場は、1932～1937年が下関市角島沖、1937～1940年が角島沖、韓国蔚山沖、1940～1943年が角島沖、蔚山沖、対馬の豆酘沖に拡大した[26]。

　1960年代前半に黄海でカラスフグ漁場が開拓されると、専ら浮延縄による操業が行われたが、1970年代初め海州湾沖合と北緯37度以北でトラフグ漁場が発見されると底延縄が本格化し、一時は底延縄を専業にする漁船もあった。その後トラフグ漁獲量が減少すると、浮延縄と底延縄を使い分けるようになった。1989年当時、9～10月まで浮延縄、11月以降底延縄に切り替えて操業したが、1990年以降カラスフグが激減したため、底延縄のみになった。

　越ヶ浜フグ延縄漁船のトン数は、大正年間には主に5～6トン船、1960年代後半までは主に10トン船、1960年代前半には主に19トン船であった。旧日韓漁業協定の締結後、下関市の以西底びき網漁船から黄海にカラスフグが大量に分

第1章　フグ延縄漁業の生産構造の変化（漁業編）　25

布しているとの情報を得て、黄海・東シナ海へ出漁すると、1970年頃から40トン船、1976年からは59トン船（最初の建造が明福丸）に大型化した。40トン以上の大型船は、漁場の遠隔化に伴う燃油スペースや、活魚出荷の増大に伴う魚槽スペースの拡張を図るために建造された。

1979〜1980年頃から、生鮮の保蔵用として冷凍機、冷蔵庫の性能アップと拡充、揚縄機（ラインホーラー）の自動化が進んだ。1986年当時の大型船50トン型の新規設備設計は、船体5,000万円、機関2,500万円、装備5,000万円の計1億2,500万円であった。大型船の1回あたり航海日数は、9〜10月は25〜30日、10〜12月は20日、12月〜翌2月は2週間くらいと次第に短縮。夏場は水温が高いため、ほとんど「活魚」出荷ができず、大半は「氷締め」出荷となる。活魚出荷は、漁模様によるが、大体は帰港前1週間くらいの漁獲物を活かして持ち帰る[27]。

越ヶ浜の延縄漁船は、1960年代前半まで東シナ海（台湾北部海域）でのアマダイ延縄の専業船が多かった。その後、黄海を中心にフグ漁場が開発されると、フグとアマダイを兼業する漁船が増加し、1970年代前半にはフグ延縄の操業期間は9月〜翌5月に長期化し、フグ延縄の専業船も一部にみられた。

1980年当時、黄海・東シナ海に出漁する越ヶ浜の延縄漁船は、80％の漁船がフグとアマダイを兼業し、約5％がフグ延縄を専業していた。しかし、1983年には漁場の縮小や漁獲量の減少により、フグ延縄の専業がゼロになった。1983年のフグ延縄漁船の兼業状況をみると、フグ・アマダイ延縄のほか、イカ釣りを行うものや、アマダイ延縄の専業の割合が増えており、また、マグロ延縄やバイかごの新しい業種を行うものも現れた[28]。

フグ延縄漁船の漁獲量は、1990年頃から減少が顕著になった。旧越ヶ浜漁協資料によると、越ヶ浜の大型船（40トン以上〜60トン未満）の平均水揚金額は、法人経営体の場合1989年には7,673万円であったが、1993年には25％減の5,753万円、1989〜1993年の5年間のうち4年間が赤字経営になった。旧越ヶ浜漁協の漁獲成績報告書によると、1983〜1985年には全漁場のうち東経128度（長崎県五島列島西海域）以西漁場で70〜90％を漁獲していたが、1986年には60％に

なり、1992年には20％に落ち込んだ。

1991年中国福建省に近い東シナ海で、越ヶ浜のアマダイ延縄漁船が国籍不明船により襲撃される事件が発生した。この事件がフグ延縄の裏作であるアマダイ延縄に与えた影響は大きかった。従来から血縁、地縁によって確保されていた乗組員を著しく不安にさせ、折しも、我が国の内航船船員が大量に定年退職する時期と重なり、雇用条件が良かったため、越ヶ浜の延縄漁船員の多くが内航船船員に異動した。このため、越ヶ浜漁協の延縄漁船乗組員は、1985年の674名から1994年には248名に減少した[29]。

1990年代になってフグ延縄漁船の水揚げが減少傾向になり、1993年頃になると越ヶ浜では、黄海・東シナ海への出漁をやめて、対馬周辺でアマダイ延縄操業を行う船がみられた。これらの経営体は、大型船の機関エンジン等が更新時期を迎え、また、大型船による対馬周辺でのアマダイ延縄操業では、漁船規模が過大になるため、冬季以外のアマダイ延縄の操業が、安全にできる10トン以上～15トン未満船を代船建造して、1人乗りのアマダイ延縄の専業操業に転換していった。

一方、フグ延縄操業を継続してきた大型船は2000～2004年にかけて、冬季にフグ延縄の操業が安全にできる19トン船への小型化を図る経営体が増加した。この当時、山口県粭島や福岡県鐘崎の港には、フグ延縄に出漁できずに係船されたままの19トン船があったので、越ヶ浜の経営体はこれら漁船を購入した。40トン以上の大型船と19トン船の操業条件を比較すると、乗組員は8～9人に対し4～6人、1日に使用する縄鉢の数は120鉢に対し60～80鉢と少ない。2014年の越ヶ浜における10トン以上～19トン未満の延縄漁船14隻の内訳は、フグ延縄主体の19トン船が11隻、アマダイ延縄主体の10トン以上～15トン未満船が3隻であった。

4．黄海・東シナ海における漁業規制の変遷

フグ漁場は、従来の九州・山口北西海域から、1965年頃に黄海・東シナ海に拡大して、1969年に漁獲量がピークに達したが、その後縮小に転じた。山口県

第1章　フグ延縄漁業の生産構造の変化（漁業編）　27

フグ延縄業界は、1972年にフグが乱獲状態にあるとして山口県遠洋延縄協議会（フグ及びアマダイ延縄漁船256隻が会員）を設立して、自主的に操業隻数の制限と休漁期間を設定した。同協議会は、1973年には「資源保護に対する具体的活動方針」として、フグ延縄（マフグを除く）について、3月20日〜4月30日に操業を行わない水域を設定した。

　1975年松生丸事件が発生すると、1976年9月以降北緯38度以北の黄海漁場での操業を自粛した。また、1977年北朝鮮が経済水域を設定したため、北朝鮮周辺水域での漁場が大幅に縮小された。1977〜1979年に開催された日韓漁業共同委員会（旧日韓漁業協定による）において、韓国側から日本側に対し、日本のフグ延縄漁船の船型が大型化し出漁範囲が拡大しており、これは旧日韓漁業協定締結交渉時の日本側の説明と異なる旨の指摘があった[30]。さらに、1980年には多数の日本のフグ延縄漁船が、黄海北部の中国西限線（軍事警戒線）を侵犯する事件が発生した。これらの事件や侵犯によって、フグ延縄漁船は外国漁場での操業が一層規制されることになった。

　このような国際問題への対策として、山口県、福岡県、佐賀県、長崎県、大分県の5県延縄漁業者は、1982年に「西日本遠洋延縄漁業連合協議会」を設立し、黄海・東シナ海に出漁するフグ・アマダイ延縄漁船の操業秩序や資源保護育成に、共同で取り組むことになった。またフグ延縄業界は、隻数を減らして操業権の価値を高めようと、水産庁に対し大臣承認制の導入を要望した。1981年当時、黄海・東シナ海におけるフグ延縄の操業実績船は191隻、内訳は山口県船が151隻で圧倒的に多く、次いで福岡県船が30隻、佐賀県船が7隻、長崎県船が2隻、大分県船が1隻であった。

　水産庁はフグ延縄業界の要望を受けて検討を行い、大臣承認制ではなく、大臣届出制を導入することを決定し、1984年1月から「黄海及び東シナ海の海域におけるふぐはえなわ漁業の取締りに関する省令」（以下、フグ取締り省令」）が施行された[31]。フグ取締り省令が施行されると、トラフグ幼魚の漁獲が減少し親魚の数が逐次増加することにより、資源の回復が期待された。しかし実際には、韓国のフグ延縄漁船が増加したため、我が国漁船による漁獲量は引き続

き減少した。また、中国及び韓国の各種漁船との操業トラブルが多発したため、日本のフグ延縄漁船は黄海・東シナ海からの撤退を余儀なくされ、九州・山口北西海域に漁場が限定された。

　このような状況の中で、黄海・東シナ海での操業実績がなくなった大分県が、1988年に「西日本遠洋延縄漁業連合協議会」を脱退したため、同年山口、福岡、佐賀、長崎の4県延縄漁業者は、「西日本延縄漁業連合協議会」に改組して、九州・山口北西海域におけるトラフグ漁業の管理を行うようになった。これについては、第1章第3節で述べる。

第1章　フグ延縄漁業の生産構造の変化（漁業編）　29

コラム2：萩地区延縄漁船乗組員の大量離職

　1991年中国福建省に近い東シナ海で、萩市越ヶ浜のアマダイ延縄漁船が国籍不明船により襲撃される事件が発生した。アマダイ延縄は、主に萩市玉江浦と越ヶ浜の延縄漁船により操業されていた。この事件が萩地区の延縄漁船乗組員を著しく不安にさせ、折しも内航船船員が大量に定年退職する時期と重なり、内航船の雇用条件が良かったため、延縄漁船員から内航船船員に異動する人が多かった。越ヶ浜では現在も東シナ海でのアマダイ延縄漁業が継続されているが、玉江浦では1995年までにすべての延縄漁船が出漁を中止した。

　ここでは、玉江浦の事例について述べる。玉江浦の延縄漁船は、越ヶ浜と同様に、フグ延縄とアマダイ延縄を操業していたが、アマダイ専業船が多かった。玉江浦は、萩城の防衛上重要な拠点として、毛利藩の保護を受けて発展したため、越ヶ浜よりも漁業の発展が早く、山口県遠洋延縄漁業の発祥の地である。玉江浦では遠洋延縄の発展に伴い漁夫の訓練が必要となり、早くから青年宿（合宿所）が設置され、漁師になろうとする青少年はすべて青年宿に籍を置き、帰港中はここで団体生活を送り、漁夫としての知識や技術を長老や先輩から学び、また、出漁中は漁労作業の手伝いや炊事等の雑務に従事し、一定の年齢に達すると船頭候補としての資格を与えられた[32]。1938年当時の萩観光の名勝は、「松陰神社の次に青年宿」とまでいわれるようになった[33]。

　萩市内の青年宿は、玉江浦以外では1960年代頃になると消滅したようであるが、玉江浦では、組織が大変厳格で明確な規約を持ち、1970年代まで存続したようだ。玉江浦の青年宿は、古い形ではなく、遠洋漁業の技術や知識を習得するために活動した。青年宿の人間関係は、長幼の序を重んじる伝統があり、1年でも歳が上であれば敬語を用いて話しかける。年少者は年長者を名前で「○○兄」と必ず「兄」をつけて呼びかける必要があった。

　玉江浦延縄漁船は、長幼の序を重んじる伝統から、若者が「賄い（司厨長）」を担当したが、越ヶ浜延縄漁船では若者の厳しい漁労作業を軽減させるために年配者が賄いを担当する。玉江浦漁船の賄い担当者は、1人分の漁労作業をこなした上で食事を用意するなど、若い時期しかできない厳しい労働が課せられていたので、青年宿で訓練された若者が順次乗船し、賄い担当を交替させる必要があった。

　しかし、延縄漁業経営の悪化により、若者が乗船しなくなると、賄いを担当する人は長期にわたり固定化され、不満を漏らすようになった。この時期に内航船船員が不足したため、玉江浦では内航船に乗り換える乗組員が増加し、すべての延縄漁船が出漁を中止するに至ったものと思われる。

第3節 九州・山口北西海域におけるフグ延縄漁業の生産構造の変化

　九州・山口北西海域では戦前から、山口県、福岡県、佐賀県、長崎県の小型漁船が各県の前浜でフグ延縄操業を行っていた。1960年代半ば以降、山口県と佐賀県のフグ延縄漁船は、黄海・東シナ海へ漁場を拡大していった。一方で、福岡県船は福岡県沖から長崎県の橘湾までを漁場とし、長崎県船は長崎県近海を漁場とした。両県とも、この当時は、底延縄と浮延縄により、トラフグとカラスフグを漁獲していた。

　1985年頃以降九州・山口北西海域では、新たにスジ延縄を使用してトラフグを漁獲する漁船が急増した。スジ延縄は五島列島から対馬周辺海域、さらに山口県沿岸域で、主に冬季から春季にかけて産卵のため接岸する群をねらった漁具である。フグ漁専門の漁船以外に、特に長崎県の小型漁船が多数出漁し、スジ延縄によりトラフグを多獲した。

　外海トラフグの取扱量（下関唐戸魚市場統計）は、スジ延縄導入前の1984年には560トンであったが、スジ延縄導入直後の1985年には980トンに増加し、1988年まで800トン程度を維持し、1993年までは400トン前後で推移したが、1994年には200トン、1997年以降100トン前後に減少した。

1. 延縄による県別トラフグ漁獲量の動向

　ここでは、九州・山口北西海域において、従来から20トン未満船によりフグ延縄操業が行われている福岡県と長崎県について述べる。

（1） 福岡県

　福岡県のフグ延縄漁船は、1962～1963年頃には12～13トン船で、生月・五島列島・対馬沖と韓国済州道の間で操業していた。1965年に黄海・東シナ海のフグ漁場が開発された後も、福岡県船は20トン未満船で操業した。福岡県が20ト

ン以上船を建造しなかった理由は、①フグ漁期以外に兼業するまき網の灯船運搬船は、20トン以上の漁船規模を必要としなかった。②福岡県は、山口県よりも黄海・東シナ海に近いので、燃油の消費量が少なくて済んだ。③20トン以上船は船舶検査や操業コストが高くつくので、低コストな20トン未満船を選択した、などによる。また、19トン船の燃油タンクでは容量が少なすぎて長距離航海ができない場合には、魚槽内や甲板上に燃油を収納する容器を設置して対応した。

　福岡県のフグ延縄漁船は、1985年頃にスジ延縄が普及すると、9～11月は底延縄、12月～翌2月はスジ延縄を使用して操業する。福岡県のトラフグ漁獲量は、1980年代には約300トンであったが、1990年代以降減少し、2002年と2013年にはいずれも55トンであった。19トン船の乗組員は3～6人である。

（2）　長崎県

　長崎県では、1950年代半ば～1980年代前半には、長崎市茂木や新五島町奈良尾の漁船が、底延縄により橘湾や五島灘でトラフグを漁獲した。1987年頃にスジ延縄が導入されると、県内の多くの地区の小型船が、スジ延縄を使用してトラフグを漁獲するようになったため、操業トラブルが多発した。これらの小型船は刺し網、流し網などの網漁業が主業であり、裏作としてスジ延縄によりトラフグを漁獲した。このため、長崎県は1989年に「長崎県延縄漁業協議会」を設置し、操業トラブル対策として、前浜にトラフグ漁場を有する地区が優先的にスジ延縄操業を行うことをルール化した。県内では、平戸市の志々伎・館浦、西海市大瀬戸町、松浦市鷹島、小値賀町などでスジ延縄操業が行われた。

　平戸市志々伎のスジ延縄漁船は、トラフグ漁獲量が多かった1989～1993年には、10月～翌3月に50～60隻が出漁したが、その後、漁獲量の減少と天然トラフグ価格の低下により、2005年頃以降漁期を1～3月に短縮し、7～8隻が出漁しているにすぎない。8～9トン船と4.9トン船の2つの船型であり、いずれも2人操業が多い。

　松浦市鷹島の19トン船は、10月には底延縄（松葉使用）、11月～翌3月20日

にはスジ延縄による操業を行い、2人乗船の日帰り操業を行っている。もし10月にスジ延縄を使用すると、どう猛な大型魚であるシイラが食いつき暴れて、漁具がメチャクチャになるため、シイラがいなくなる11月からスジ延縄操業を開始する。底延縄は1日1回操業、使用鉢数が40〜48鉢（1鉢に65本の釣り針を使用）、釣り針と釣り針の間隔が3.8mと短いので、事前に釣り針に餌を付けて投縄する。一方のスジ延縄は1日1回操業、使用鉢数は10〜14鉢（1鉢に210本の釣り針を使用）、釣り針と釣り針の間隔が約9mと長いので、船上で釣り針に餌を付けながら投縄する。長崎農林水産統計年報（漁獲量が多かった1992年以前が未記載）によるトラフグ漁獲量は、1993年が64トンと多かったが、その後減少して2004年には7トンになった。

2．主要地区（福岡県宗像市鐘崎）におけるフグ延縄漁業の動向

　福岡県と長崎県において、フグ延縄が最も盛んな地区は福岡県宗像市鐘崎であり、鐘崎は福岡県のトラフグ漁獲量のほぼ9割を占める。鐘崎のフグ延縄は、1939年頃には3トン未満船が鐘崎沖合の沖ノ島周辺で操業し、1963年頃には7〜13トン船が対馬周辺・済州道周辺で操業した。旧日韓漁業協定締結後には16〜17隻が日韓共同規制水域（同協定に基づき韓半島周辺に設定）で操業し、9〜12月は底延縄により主にトラフグ、1〜5月には浮延縄により主にカラスを漁獲した。1970年代半ばには12〜13トンの木船であったが、1979年以降19トンのFRP船が建造された。

　鐘崎のフグ延縄漁船は、まき網、棒受網、シイラ漬け、アマダイ・マダイ延縄、サバフグかご、ヌタウナギ筒など兼業業種が多いのが特徴である。このうち、まき網の灯船運搬を兼業するフグ延縄漁船は隻数が最も多く、5〜12月にはまき網、1〜3月にはフグ延縄を操業する。最近の鐘崎では、9〜11月には底延縄により約5隻が操業し、12月にスジ延縄が始まると約15隻が大島沖を中心に操業を開始し、さらに1月になるとまき網の灯船運搬船等が、山口県沖合でスジ延縄により操業する[34]。

　漁具別トラフグ漁獲量は、スジ延縄が75％、底延縄が25％を占める。旧鐘崎

第1章 フグ延縄漁業の生産構造の変化（漁業編）　33

漁協資料によるフグ類（サバフグを除く）漁獲量は、1974〜1981年は300〜500トン、1982〜1984年が200トンであった。その後スジ延縄の導入により、1985〜1988年にはいったん300〜400トンに増加したが、漁場の縮小もあり1990年以降100トン未満、1994〜2013年には40〜50トンで推移した。鐘崎には漁業後継者が多く、フグ延縄漁船の隻数は1980年が46隻、1990年が55隻、2012年が37隻であり、比較的安定的に推移している。

3．九州・山口北西海域におけるトラフグ漁業規制の変遷

　1960年代半ばに黄海・東シナ海のフグ漁場が開発されると、フグ延縄の漁期が長期化し、1970年代半ばになると山口県・福岡県・佐賀県のフグ延縄漁船の一部が、3〜5月に五島灘で操業するようになった。そして、長崎県船のフグ漁場が沖合域に拡大するようになると、長崎県と他県のフグ延縄漁船の操業トラブルが深刻化するようになった。

　このため、関係4県漁業者間で協議が行われ、1980年に「五島灘におけるフグ延縄漁業の自主規制と操業方法についての申し合わせ」が交わされた。また、1985年頃以降スジ延縄による操業が増えると、スジ延縄を巡る操業トラブルが多発し、フグ延縄漁業者間で操業調整が図られるようになった。1988年に設置された「西日本延縄漁業連合協議会」では、地元長崎県漁船と他県漁船、大型漁船と小型漁船、スジ延縄と底延縄などの間での操業トラブルを回避するための漁場利用に関するルール作りが行われた。

　1990年代になってトラフグ漁獲量が急激に減少したことから、2003年に漁業関係者の発意で、フグ資源回復計画の策定に向けて、日本海・九州西広域漁業調整委員会や関係4県で具体的な公的規制の検討が行われ、2005年から「九州・山口北西海域（瀬戸内海・有明海・八代海を除く）トラフグ資源回復計画」が実施された。同計画では、日本海・九州西広域漁業調整委員会の指示により、総トン数10トンを境にトラフグ延縄漁船の承認制と届出制を設け、2008年度にはこの境を5トンに下げ、承認制には県毎に隻数の上限を設定した。届出制は5トン未満が対象であり、毎年漁期前に届出を出すと出漁ができる。同計画は

2011年度で終了したが、同計画で実施された措置は、2012年以降新たな枠組みである「資源管理指針・計画」の下、継続して実施されている。

委員会指示による県別承認隻数の上限は、2008～2015年現在、山口県が58隻、福岡県が86隻、佐賀県が22隻、長崎県が95隻、熊本県が1隻、広島県が9隻の計271隻である。しかし、漁獲量の減少により2008年以降隻数が減少傾向にあり、2015年漁期に届出を出した隻数は、山口県が15隻、福岡県が6隻、佐賀県が4隻、長崎県が39隻の計64隻であった。

鐘崎では、資源回復計画とは別に、3～4日操業したら、凪でも2日間は漁場を休ませるという独自の資源管理を行っている。これは、黄海・東シナ海での分散操業から、九州・山口北西海域での集中操業に移行したため、以前のような操業を行えば、資源がすぐに枯渇する恐れがある。そこで、狭くなったフグ延縄漁場における漁獲圧力を軽減させるため、長期間の連続操業を自粛するものである。鐘崎では沖合域で操業できる漁業種が、夏場には多いが、冬場にはフグ延縄しかない。鐘崎にはたくさんの漁業後継者予備軍がおり、その後継者たちが漁業を続けていくためには、冬場の漁業が少ない鐘崎にとって、フグ延縄は大切な漁業であり、トラフグ資源の保護が極めて重要である。

九州・山口北西海域のトラフグ漁獲量（下関唐戸魚市場統計の外海トラフグ取扱量）は、スジ延縄導入前の1984年には560トンであったが、スジ延縄の導入により1985年が980トン、1988年までは約800トンで推移したが、その後激減して1997年以降100トン前後であった。これは、黄海・東シナ海からの撤退による漁場縮小も一因であるが、スジ延縄による過剰漁獲の影響の方が大きいと思われる。今後、スジ延縄による漁獲圧力を削減するためには、副業的にスジ延縄を行う小型漁船の着業隻数を制限することが必要と思われる。

コラム3：フグの祭り

　下関では、フグシーズンの終わる4月29日に「フグ供養祭」を開催する。下関でフグ供養祭が行われたのは1930（昭和5）年に遡る。主催は関門ふく交友会であった。第二次世界大戦中は中断されていたが、戦後復活して年を追うごとに盛んになり、1959年以降は唐戸市場（その後、南風泊市場）で行われる。フグに感謝を込めて冥福を祈り供養した後、市長を始め関係者が放魚船に乗船し、供物などとともにフグを放流するのが、春の関門海峡を彩る風物詩となっている。

　1979年以降下関ふく連盟と下関唐戸魚市場（株）は、毎年フグ漁が始まる9月29日になると、唐戸市場のすぐそばにある亀山八幡宮で、フグ延縄漁船の操業安全と中毒事故予防防止のための祈願祭である「フグ祭り」を盛大に行っている。1981年に下関ふく連盟は、フグの消費拡大を願って2月9日を「フグの日」とし、フグの一層の宣伝普及と豊漁、航海安全、業界発展を願って唐戸に近い恵比須神社で祈願祭が行われる。このあと、下関市内の老人ホームにフグ刺身を寄贈し、大変喜ばれている。

　下関ふく連盟は1988年から宮家フグ献上を毎年行っている。これは、1985年赤間神宮安徳天皇800年大祭に、高松宮、同妃殿下ご台臨の際、フグ献上の話がなり、1988年に第1回宮家フグ献上（1994年に秋篠宮家が加わる）が実現した。昭和天皇もずいぶん「食べさせてくれろ」といわれたようだ。しかし、宮内庁からは特効薬がないということで結局許可がおりないままなくなられた。現在の皇太子殿下は、下関でフグを召し上がった。

　また、2013年に全国海水養魚協会・トラフグ養殖部会が養殖トラフグの消費拡大を願って11月29日を「いいフグの日」に制定した。

第4節　太平洋中海域におけるフグ延縄漁業の生産構造の変化

　伊勢・三河湾系群のトラフグは、11月までは静岡県、愛知県、三重県（以下、「東海3県」）の内湾や外海の比較的浅場に生息し、12月以降外海へ移動するが回遊経路が短い。太平洋中海域におけるフグ延縄による漁獲量は、1970年代前半には少なかったが、1970年代半ば以降増加し、1984年には100トンの水揚げがあった。

　フグ延縄漁船は、1989年の大豊漁の前年（1988年）までは、三重県の旧安乗漁協（現在の外湾漁協安乗事業所）、愛知県の日間賀島漁協、静岡県の浜名漁協の3漁協の漁船が、底延縄により漁獲するだけであった。1989年になって300トン台の大豊漁になると、東海3県では多くの漁協の漁業者が新たにフグ延縄に着業した。使用する漁具は愛知県では底延縄のみであるが、静岡県と三重県ではスジ延縄を使用する隻数の方が多くなった[35]。

　東海3県の水産研究機関資料により、太平洋中海域における県別トラフグ漁獲量の推移（図1－4）を示した。延縄によるトラフグ漁獲量は、1984年と1985年が100トン、1989年と2002年が300トン、2006～2009年が200トン前後であったが、2011年以降数10トンで低迷している。県別トラフグ漁獲量は、1990年代末まではフグ延縄の先進県である三重県が一番多かったが、2000年以降優良漁場を有する愛知県が一番多くなった。

1．延縄による県別トラフグ漁獲量の動向

（1）　三重県

　三重県のフグ延縄は、1988年まで伊勢湾口に面した志摩市安乗の漁船が操業するに過ぎなかった。しかし1989年の大豊漁を契機に、漁場が伊勢湾口から熊野灘にまで拡大し着業隻数が約10倍に増えた。

　志摩半島より南の海岸線は水深が急深であり、底延縄の漁場に適さないため

第1章　フグ延縄漁業の生産構造の変化（漁業編）　37

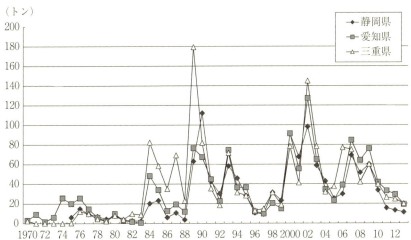

資料：静岡県・愛知県・三重県の各水産研究機関
図1－4　太平洋中海域における県別トラフグ漁獲量の推移

スジ延縄が利用されると、底延縄とスジ延縄の漁場が接する海域では、漁具が絡まるなどの操業トラブルが発生した。このため、操業秩序の維持と漁場行使の調整を図ることを目的に、三重県下の5地区（①伊勢湾口（安乗・答志等）、②志摩南部（波切・和具等）、③度会（相賀浦・贄浦等）、④紀北（長島町・島勝等）、⑤熊野（遊木浦・紀南等））が、それぞれフグ延縄組合を組織し、その代表者からなる三重県フグ延縄連合協議会が組織された。フグ延縄の漁船規模は、伊勢湾口と志摩南部では5～10トンに対し、度会、紀北、熊野では1～2トンと小さい。

漁期中の出漁日数は、伊勢湾口と志摩南部では4～21日と少ないのに対して、度会、紀北、熊野は45～94日と多い。1日あたりの収入は、伊勢湾口、志摩南部が5万～10万円と高いが、度会、紀北、熊野はおおよそ1万円であった[36]。

（2）愛知県

愛知県のフグ延縄は、以前には三重県鳥羽や静岡県浜松市舞阪にも水揚げしたため、1航海日数が複数日であった。1970年代後半以降、愛知県漁場での漁

獲量の増加と漁船速度の向上により日帰り操業が多くなると、片名市場（日間
賀島漁協）に水揚げするようになった。

　愛知県のフグ延縄は、1988年までは日間賀島のフグ延縄漁船が約20隻操業す
るに過ぎなかったが、1989年の大豊漁により、新たに篠島、師崎なども出漁す
ると、出漁隻数が100隻を越えた。愛知県では[37]、1995年にフグ延縄の操業を
申し出た漁船隻数が136隻で、そのうち篠島漁協が78隻、日間賀島漁協が40隻、
両漁協の出漁隻数は県全体の約90％を占めた。愛知県海面は水深が浅いので、
底延縄のみが使用される。

　愛知県では秩序ある操業を図るため、愛知県フグ縄組合連合会を設置し、県
内の操業海域を6つのブロックに区切り、出漁隻数が多い日間賀島と篠島の漁
船をブロック内で交互に配置して操業している。愛知県フグ縄組合連合会では、
5トン未満船と5トン以上〜10トン未満船の出漁の都合や、過剰水揚げによる
価格の下落を回避するため、出漁日数が少ない。最近の数年間における漁期中
の出漁日数をみると、愛知県は20日を下回る年が多く、40日以上出漁する静岡
県の半分以下である。

（3）　静岡県

　静岡県のフグ延縄は、1960年代前半浜名漁協の漁業者が日間賀島の底延縄を
導入して始まった。静岡県のフグ延縄漁船は、1988年までは浜名漁協の30〜40
隻が自県海域で操業するに過ぎなかった。しかし、1989年には382隻、1991年
が860隻、1994年が614隻に増加した。

　1989年以降トラフグの漁場が遠州灘から駿河湾に拡大すると、浜名以外の地
区は水深が急深であり、底延縄の漁場に適さないのでスジ延縄が使用された。
また1トン台の小型漁船は、延縄漁法ではなく手持（縦縄の1種）という1本
の糸に50本以内の釣り針を使用した手釣漁具を使用している。

　静岡県漁連は漁業調整や種苗放流を行うため、1990年12月に伊豆半島の稲取
から浜名に至る23漁協を会員とする静岡県フグ漁組合連合会を設立した。静岡
県の沿岸漁業は冬季が漁閑期であることから、冬季に着業できるフグ延縄は高

収入を得ることができる重要な業種となっている。トラフグ延縄の水揚金額は、1990年頃には1隻が平均400万～500万円であった。

2. 主要地区（三重県志摩市安乗）におけるフグ延縄漁業の動向

　東海3県の中では、三重県安乗のフグ延縄の着業が一番早く、着業隻数も多かった。安乗のフグ延縄は、昭和の初め頃、8～10トン（20～30馬力）船に5～6人が乗り、10月には伊勢湾、冬期には大山（渥美外海）から東の海域で操業した。正月明けになると、トラフグの漁獲量の減少と魚価安のため、タイ網に転換した。1960年当時、安乗の漁船は鳥羽や浜松市舞阪に入港して水揚げした[38]。

　安乗は1975年まで道路事情が悪く陸の孤島であり、一般魚介類は鮮魚で安乗に水揚げされたものの、活魚で扱われるトラフグは安乗ではなく、大阪や東京へのアクセスの良い鳥羽に水揚げされた。その後1976年7月パールロードが開通したため（志摩市磯部町的矢～同市阿児町鵜方、5.5km）、トラフグを安乗漁港に直接水揚げし、活魚のまま大阪等に出荷するようになった。

　安乗のフグ延縄は、1970年代前半まで1航海が複数日であった。しかし、1970年代後半になると、漁船速度の向上とパールロード開通による安乗への直接水揚げにより、日帰り操業が増えた。安乗のフグ延縄は5トン以上～10トン未満船が多く、カツオひき縄、クルマエビ刺し網、イセエビ刺し網、サバ一本釣り、スルメイカ釣り、クエ縄、サヨリすくい網、マダイ刺し網などを兼業するが、水揚金額はフグ延縄が最も多い。

　安乗のフグ延縄漁船は、1970年代には各種漁業が良好で年間水揚金額が多かったので、他人の雇用を含めて3人が乗船していた。その後、漁獲量の減少と賃金の上昇により雇用労賃を確保できなくなったため、1984年から夫婦船操業が増えた。2015年現在、安乗のフグ延縄漁船31隻中、夫婦船が約25隻を占め、親子・親戚船が約5隻、雇いによる2人操業が1隻であった。なお、愛知県と静岡県のフグ延縄漁船には夫婦船があまりみられない。

3．太平洋中海域におけるトラフグ漁業規制の変遷

　安乗と日間賀島のフグ延縄漁船は、1960年代半ばから静岡県海面で操業し、浜松市舞阪（浜名漁協）に水揚げした。伊勢・三河湾系群のトラフグは、1950年代から1960年代初めまで、三重県と愛知県のフグ延縄漁船が多数操業したことによる過剰漁獲の影響により（1960年代初めまでの操業は第3章第1節で説明）、1970年代前半まで資源水準が低迷したが、1970年代半ばになってようやく資源が回復したようである。

　1976年に太平洋中海域でトラフグが豊漁（フグ延縄の東海3県合計漁獲量が52トン）になったことを契機に、浜名漁協はトラフグの乱獲を懸念して旧安乗漁協と日間賀島漁協に対し、静岡県海面でのトラフグ操業を遠慮して欲しい旨の申し入れを行った。

　これに対し、旧安乗漁協と日間賀島漁協は、静岡県海面で引き続き操業できるようにするため、1978年に3漁協間（旧安乗漁協、日間賀島漁協、浜名漁協）で漁業管理に関する「3漁協協定書」を交した。この協定書により、フグ延縄の操業期間は従来の10月初め〜翌4月末から10月1日〜翌2月末に短縮し、1日の操業で使用する釣り針数を1,200本以内に制限することになった[39]。

　この協定書は1年ごとに更新され、その後自主管理の規制が強化されていった。時系列的にみると、1980年には3漁協が一斉公休日を設ける場合には各地区代表者が協議し決定することになった。また、1985年には釣り針と釣り針の間隔を7.5m以上とした。1986年には黄海・東シナ海で使用される浮延縄と松葉を禁止した[40]。1989年には協定書外として、トラフグの採捕サイズは600g以上とすること等を決めた。このようなキメの細かい規制が漁協間で決められたことは特筆すべきことであり、これはトラフグの漁場が狭いため資源管理意識を醸成しやすかったことによると思われる。

　しかし、1989年のトラフグ大豊漁時にスジ延縄の操業が行われ、しかもスジ延縄を使用する漁船が多数に及んだため、底延縄を基本とした3漁協の協定書では対応できなくなった。

　このため、東海3県では県漁連の指導により、県レベルのフグ延縄漁業者組

織を設置した。そして、1991年3県代表（三重県伊勢湾口地区フグ延縄協議会、愛知県フグ縄組合連合会、静岡県フグ漁組合連合会）により、スジ延縄の規制を盛り込んだ「3県協定書」が交わされた。「3県協定書」は、「3漁協協定書」の大枠を維持しながら県レベルへ格上げされたものであり、毎年更新されている。

「3県協定書」の中では、使用できる延縄漁具を、①底延縄（3県とも使用）、②スジ延縄（静岡県と三重県の一部で使用）、③手持（静岡県の小型船のみが使用）と定めている。また、スジ延縄における海域別使用釣り針数の制限、縄入れの方向などの操業ルール、手持における使用釣り針数の制限などが追加された[41]。

フグ延縄の漁期は10月～翌2月の5か月間であるが、漁獲の多い月は10月と11月に集中し、この2か月間で総漁獲尾数の7割以上が漁獲される。このうち10月には小型サイズが多く価格が安いので、これまでも10月の出漁日数の削減に努力してきた。しかし5トン未満船は、凪が多い10月により多く出漁したいのが本音であり、10月の出漁日数を如何に減らすかが、資源管理上の大きな課題である。

水産研究・教育機構増養殖研究所南伊豆庁舎資料により、太平洋中海域における漁法別トラフグ漁獲量の推移を示した（表1-4）。伊勢湾内で操業する小型機船底びき網（以下、「内湾」）が1989年に小型トラフグを大量に漁獲したことから、1990年に愛知県豊浜漁協では小型機船底びき網（内湾）が、9月までの小型トラフグの水揚げを規制し、10月以降15cm以上のトラフグを解禁する自主ルールを定めた。

そして、2002年に策定された「伊勢湾・三河湾小型機船底びき網漁業対象種資源回復計画」では、ゼロ歳魚のトラフグへの漁獲圧を低減させるため、伊勢湾においては9月1日～10月31日の間、三河湾においては9月1日～9月30日の間、小型機船底びき網（内湾）による全長25cm以下のトラフグの水揚げは行わず、すべて船上で再放流することになった。

同資源回復計画は2011年度で終了したが、実施されてきた管理措置は、2012

表1-4　大平洋中海域における漁法別トラフグ漁獲量の推移

（単位：トン）

西暦	小型機船 底びき網（内湾）	小型機船 底びき網（外海）	延縄	まき網	合計
1993年	29	40	227	2	298
1994年	30	28	95	4	157
1995年	17	20	92	9	137
1996年	30	13	26	4	73
1997年	41	16	34	1	91
1998年	20	17	94	2	134
1999年	89	63	47	2	201
2000年	31	56	283	2	372
2001年	52	54	155		261
2002年	22	93	423	14	552
2003年	6	41	171	22	240
2004年	6	17	100	5	128
2005年	7	15	69		91
2006年	21	24	164		209
2007年	17	35	226		279
2008年	13	25	143		180
2009年	7	28	216		250
2010年	6	9	114		129
2011年	6	10	75		91
2012年	6	8	67		81
2013年	10	9	48		67
2014年	8	10	102		120

資料：水産研究・教育機構増養殖研究所南伊豆庁舎
注：延縄は10月〜翌2月の漁獲量を記載

年以降の新たな枠組みである「資源管理指針・計画」の下で継続実施されている。同資源回復計画が推進されたことにより、2002年以降の小型機船底びき網（内湾）によるトラフグ漁獲量は多獲時の10分の1以下の水準に減少した。

4．太平洋中海域におけるトラフグ漁業管理

　太平洋中海域のトラフグ延縄は、冬季に他に重要な漁業がなく、トラフグの魚価が高いので、沿岸漁業者にとって期待が大きい。3県を合わせた1995年漁期の操業隻数はおよそ500隻程度と推定され、漁船規模では5トン未満船が全体の約60％、10トン未満を含めるとほぼ全数になっている[42]。

第1章　フグ延縄漁業の生産構造の変化（漁業編）　43

　フグ延縄漁船1隻の漁獲効率は、釣り針数が同じでも、以前に比べて高くなった。これは、①針を結ぶ部分が「化繊」から「針金」に変更されたので、食いちぎって逃げられることが少なくなった。②トラフグは餌が落下していく時に食いつくことが多いので、餌を一定の速度で落下しやすくするため、幹縄の太さを以前より細くした。③フグは釣り餌に食いついたものを釣り上げる以外に、フグの皮に釣り針を引っかけて釣り上げる。このため、針の太さを細くして針先を鋭くすることにより多くのフグを引っかけて釣ることができる、などの改良が加えられたためである。

　伊勢・三河湾系群は、資源量が少ない独立群であり、索餌海域と産卵場が同じ海域にある「たまりフグ」であるため生活範囲が狭いので、過剰に漁獲されやすい。最近の東海3県のフグ延縄漁獲状況をみると、愛知県は漁獲量が一番多いが、漁期中の出漁日数が最も少ない。愛知県では、平均すると1週間に1回の出漁であり、2週間から3週間出漁しない月もある。

　流通業者からみると、欲しい時にトラフグを購入できず、扱いにくい商材になっている。今後、欲しい時にトラフグが入手できるように、出漁日数を増やすことが求められる。

　出漁日数を増やすための操業形態としては、資源管理に配慮する観点から、①出漁隻数の削減、②使用漁具数の削減、③操業時間の短縮、④操業開始月を11月に遅らせる、などの選択肢があるが、出漁隻数の削減が現実的であると思われる。

　なお、現在の養殖トラフグは、天然トラフグに比べて供給量が多く身質も改善されたことから、評価が高い。このため、天然トラフグを安定的に出荷する努力を怠ると、天然トラフグの評価が不当に低下する恐れがある。

コラム4：旅漁

　豊富な漁業資源に恵まれている瀬戸内海では、全国に先駆けてさまざまな効率的な漁具漁法が開発され、瀬戸内海の漁民がこれらの漁具漁法を用いて瀬戸内海以外の海域へ出漁する、「旅漁」が封建時代から行われてきた。

　粒島のフグ延縄漁業者も、粒島で開発されたフグ延縄漁具を携えて、5～10トン船により太平洋へ旅漁が行われた。太平洋側では、利根川沖、さらに、茨城県沖、阿武隈沖、塩釜沖まで行ったことがあったようだが、主な漁場は伊勢湾と千葉県沖であった。1938～1939年には、三重県鳥羽市を拠点に操業した船がいた。1944年頃には千葉県海域でトラフグを大量に漁獲して財産を作った人もいた。

　また、安乗のフグ延縄漁業者は、1952～1962年頃鳥羽市のフグ流通業者に用船されて日本周辺を広域に操業し、千葉県海域がトラフグの好漁場であることを知った。安乗のフグ延縄漁業者は、1970年代にも伊勢湾、遠州灘のフグ延縄が不漁の年には、千葉県いすみ市大原を基地にしてフグ延縄操業を行った。しかし、1984年以降伊勢湾、遠州灘のトラフグ漁獲量が増加すると、彼らは千葉県海域には出漁しなくなった。

第1章　フグ延縄漁業の生産構造の変化（漁業編）　45

第5節　主要な地区・海域におけるフグ延縄漁業の比較分析

1．フグ延縄における漁具漁法の変遷
　フグ延縄漁具はフグの鋭利な歯によって噛み切られることが多いので、これまで様々な開発・改良が加えられた。ここでは、時系列的に漁具漁法の開発・改良の状況とその効果を述べる。

（1）　山口県周南市粭島における底延縄漁具の開発
　フグ延縄漁業の発祥の地である山口県周南市粭島には、1877（明治10）年頃福岡県行橋市簑島から改良前のフグ延縄漁具が伝わった。しかし、トラフグにより漁具を噛み切られることが多かったので、1897年頃粭島の高松伊予作氏が、漁具が噛み切られるのを防ぐため、「カタガネ」（長さ約50cmの1本の棒（天秤棒））と「トラフグ用釣り針」（針の柄が長い）を組み合わせたトラフグ専門の画期的な延縄漁具を開発した。
　具体的には、幹縄の途中に釣り針ごとに「カタガネ」をそれぞれの端にかみ合わせ、他の一端を幹縄に結びつけ、中央に枝縄を取り付けた。「カタガネ」の材質は、当初、軟鉄の針金を使用したが、その後、半鋼、ステンレスワイヤーへと変化した。「カタガネ」の場合、釣り針と釣り針の間隔は6〜9m程度が多い。その後年代は不明であるが、粭島の高松若助氏が釣り針の改良を重ねて、ふぐ専門の延縄漁具が完成し、現在のフグ延縄の基礎となる「粭島方式」が考案された。瀬戸内海のフグ延縄は、後述するスジ延縄が使用される以前にはすべて底延縄が使用され、この底延縄がやがて全国へ広まった。図1－5に「底延縄漁具」を示した[43]。

（2）　山口県萩市越ヶ浜における浮延縄漁具の開発
　粭島が開発したフグ延縄漁具は、萩市越ヶ浜で新たな発展を遂げた。フグは以前には、底層でしか釣れないと思われ、越ヶ浜では当初、釣り針が着底する

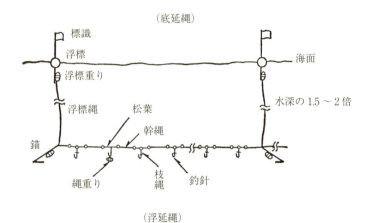

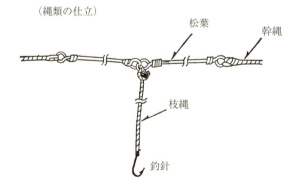

資料：日本漁具・漁法図説（1977）

図1－5　底延縄と浮延縄の漁具図

底延縄の漁具が使用された。しかし、底延縄では主にトラフグしか釣れないので漁業経営が厳しかった。1932年頃、大田栄作氏（1894年生まれ）が、底延縄を改良して新たに「浮延縄」を考案した[44]。浮延縄は、底延縄に装着する浮標の数を増やして釣り針を中層に浮かすことによって、山口県沖へ来遊するカラスフグを大量に漁獲することができた。

「浮延縄」は、海面から15〜27m付近の中層に釣り針を浮かすが、底延縄と同様海底に錨を設置するので、潮に流されることはない。浮標の数は、底延縄が2鉢ごとに1個であるのに対し、「浮延縄」の場合は1鉢ごとに1個と1鉢ごとの間に浮標を増結した。「浮延縄」は、主にカラスフグを漁獲対象とするため、カラスフグ資源が減少した1990年頃以降使用されなくなった。図1－5に「浮延縄漁具」を示した[45]。

（3）　山口県萩市越ヶ浜における松葉の開発

越ヶ浜では当初、瀬戸内海と同様に「カタガネ」を使用していた。しかし、1930年代の山口県日本海沖合では、カラスフグの方がトラフグよりも魚群が濃厚であった。このため、資源量が多いカラスフグを効率的に釣り上げるため、釣り針と釣り針の間隔を短くして、同じ長さの幹縄により多くの釣り針を装着できるように、「カタガネ」の代わりに「松葉」を使用した。「松葉」（松の木の葉の形状、ジャンガネともいう）は幹縄と幹縄の結合部が2本に折り曲がる形状であり、釣り針と釣り針の間隔が短くても投縄作業を円滑に行うことができ、浮延縄が考案された1932年頃には既に使用されていた[46]。1970年代の底延縄と浮延縄は、1鉢に収容する釣り針は60本、松葉の使用により釣り針と釣り針の間隔は2〜5m程度に短縮された[47]。

現在の九州・山口北西海域や瀬戸内海（西部と東部）では、漁業者の好みがあり、「カタガネ」と「松葉」の両方が使用されている。「カタガネ」と「松葉」は、いずれも材質や太さが変化している。越ヶ浜では、これまで「松葉」を使用する漁船が多かったが、錆びやすい「松葉」の代わりに、2010年代前半から漁具の使用期間を長くするため、ステンレスの周りをビニールで巻いた「カタ

48

ガネ」を利用する漁船がみられる。

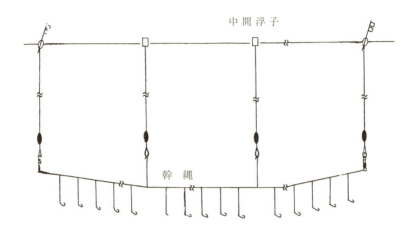

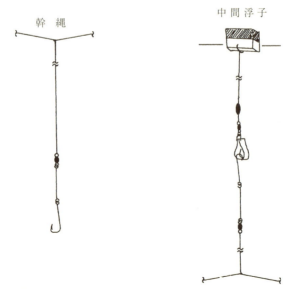

資料：長崎県の漁具・漁法（2002）

図1-6　スジ延縄の漁具図

（4） スジ延縄漁具の開発

　福岡県北九州市のフグ延縄漁船は、1983年頃長崎県のタチウオ延縄漁船の漁具にトラフグが釣れているのを、洋上で拾った漁具から知った。タチウオの延縄漁具には、タチウオの鋭い歯に噛み切られないように、釣り針と幹縄の間にある道糸にワイヤーが使用されているので、トラフグを釣り上げることができた[48]。この北九州市フグ延縄漁船は、タチウオ延縄漁具からヒントを得て、トラフグ用「スジ延縄」漁具を作り、五島列島小値賀沖で試験操業したところ、トラフグを大量に釣ることができたので、その後急速に普及した。

　この「スジ延縄」の長所は、①ナイロン糸を使用し、釣り針と幹縄をピアノ線でつなぐだけの簡易な漁具である。②トラフグ用底延縄とは異なり、カタガネや松葉、海底に固定する錨が不要なため漁具コストが安く、中層に浮かすので揚縄機（ラインホーラー）が不要なため、小型漁船でも操業できる。③「スジ延縄」は漁具が流されて移動するので、トラフグがいるポイントを知らなくても簡単に操業できる。④僚船からトラフグの遊泳水深を無線連絡で知ると、中層に設置した釣り針の水深を自在にコントロールできるので、トラフグを効率的に漁獲することができる、などである。

　一方、スジ延縄の欠点としては、潮流に流されるので他の漁具にからみトラブルが発生しやすく、また、漁具が軽いため風の強い時に飛ばされて乗組員の身体に飛んでくると、身に危険が発生する可能性がある。図1-6に「スジ延縄」を示した[49]。

2. スジ延縄の使用状況

　スジ延縄は、九州・山口北西海域、瀬戸内海、太平洋中海域で現在も使用されているが、海域ごとに使用状況が異なっているので、表1-5に関係県におけるフグ延縄漁業の制度区分と漁具の使用状況を示した。

（1） 九州・山口北西海域

　九州・山口北西海域では「九州・山口北西海域トラフグ資源回復計画」によ

50

表1－5　関係県におけるフグ延縄漁業の制度区分と漁具の使用状況

海域	県名	制度区分	現在の主要な使用トン数階層	底延縄の有無	スジ延縄の有無	漁獲量の多い漁法
九州・山口北西海域	山口県	委員会指示	19トン	○	○	底延縄
	福岡県	委員会指示	19トン	○	○	スジ延縄
	佐賀県	委員会指示	8・9トン	○	○	スジ延縄
	長崎県	委員会指示	4.9～9トン	○	○	スジ延縄
瀬戸内海西部海域	山口県	知事許可	4.9トン	○	×	底延縄
	愛媛県	知事許可	4.9トン	○	×	底延縄
	大分県	知事許可	4.9トン	○	×	底延縄
瀬戸内海東部海域	兵庫県	自由漁業	4.9トン	○	○	底延縄
	徳島県	自由漁業	4.9トン	○	○	スジ延縄
太平洋中海域	静岡県	自由漁業	4.9トン	○	○	底延縄
	愛知県	自由漁業	4.9～9トン	○	×	底延縄
	三重県	自由漁業	4.9～9トン	○	○	底延縄

資料：聞き取り調査

り、海域別時期別に底延縄とスジ延縄の承認隻数の上限が規制されている。福岡県鐘崎では、当初スジ延縄の導入に否定的な意見があったが、県内の他地区が既にスジ延縄を使用していたので、追認する形でその後スジ延縄を使用するようになった。

　一方山口県越ヶ浜では、当初スジ延縄を使用していたが、その後小型トラフグが多く釣れるようになり、資源への影響を考慮して使用を中止したが、県内ではスジ延縄を使用している地区もある。また、佐賀県と長崎県では、スジ延縄を使用する漁船が多い。

（2）　瀬戸内海西部海域

　九州・山口北西海域でスジ延縄が使用されると、瀬戸内海西部海域にもスジ延縄が伝播した。瀬戸内海西部海域の山口県、愛媛県、大分県では、従来から底延縄によるフグ延縄漁業が行われ、同漁業はいずれも県漁業調整規則上の知事許可漁業である。山口県と愛媛県では、スジ延縄は小型トラフグを混獲し、資源の有効利用上好ましくないこと、及び漁具の移動により他の漁業の操業に

第1章　フグ延縄漁業の生産構造の変化（漁業編）　51

支障を与えることからあまり普及せず、1986～1987年に海区漁業調整委員会の指示によりスジ延縄を禁止した。

　一方大分県では、東国東郡管内のある漁業地区がノリ養殖の不振により、ノリ養殖の代替としてトラフグ目的のスジ延縄に着業した。これに対して県内のフグ底延縄漁業者から反対の声があがったが、その漁業地区としてはスジ延縄を禁止することが受け入れがたい状況にあった。このため、大分県では知事許可漁業の許可方針を改正した。即ち、大分県の海面は瀬戸内海と豊後水道の2つの海面がある。従来フグ延縄漁業は、瀬戸内海では知事許可漁業であり、豊後水道では自由漁業であったが、今回許可方針を変更して、豊後水道も知事許可漁業にした。そして、スジ延縄の禁止を受け入れる代わりに「フグ樽流し」を認めることによって決着が図られた。大分県では委員会指示に加えて、許可方針の変更を行うことによって、1991年にやっと大分県全域でトラフグを目的とするスジ延縄を禁止することができた。

（3）　瀬戸内海東部海域

　瀬戸内海東部海域では、主に徳島県と兵庫県がフグ延縄を行っており、いずれも自由漁業である。底延縄による漁獲が多かった徳島県由岐では、底延縄漁業者が当初スジ延縄の導入に反対したが、スジ延縄の着業者が増加し、結局スジ延縄を認めることになった。瀬戸内海東部海域では、水深の浅い播磨灘では底延縄、水深の深い紀伊水道では浮延縄が使われ、操業トラブルが少ない。

（4）　太平洋中海域

　太平洋中海域では、いずれの県もフグ延縄が自由漁業であり、1988年までは底延縄だけが使用されていた。トラフグの大豊漁があった1989年以降、愛知県は引き続き底延縄のみを使用しているが、三重県と静岡県では、1988年までフグ延縄を行っていなかった多くの地区では水深の深いところが多く、スジ延縄を使用している。

3．トラフグ人工種苗の放流動向

　トラフグは、以前4～5年に一度、卓越年級群が発生することにより、高い資源水準が維持されてきた。しかし、最近では卓越年級群の発生が低迷し、漁獲量が減少しているので、適切な漁業管理と継続的な種苗放流が不可欠となっている。トラフグ人工種苗の放流は、1966年に山口県水産種苗センターが瀬戸内海で行ったのが最初である。関係県におけるトラフグの種苗放流尾数の推移（表1－6）を示した。

　2014年の人工種苗の放流尾数は全国で258万尾であり、このうち、日本海・東シナ海・瀬戸内海系群の関係県が160万尾、伊勢・三河湾系群の関係県（神奈川県を含む）が86万尾であった。トラフグは成熟すると、自分の生まれ育った故郷に戻る習性（産卵回帰）が強い。以下に、種苗放流量が多い（1）瀬戸内海、（2）九州・山口北西海域、（3）太平洋中海域の3つの海域の放流動向について述べる。

（1）　瀬戸内海

　瀬戸内海は、西部、中央部、東部の3つの海域に便宜的に区分した。西部海域では、2014年現在山口県と愛媛県、大分県、宮崎県が人工種苗の放流を継続している。

　中央部海域において、香川県では、水産研究・教育機構瀬戸内海区水産研究所屋島庁舎（香川県高松市）が1986～2003年、岡山県の下津井漁協が1989～2010年に種苗放流したが、その後両県とも放流を止めた。また、広島県水産海洋技術センターが1986年からトラフグの標識放流調査を実施したが、広島県のトラフグ漁獲量が減少する中、放流した種苗が広島県内にあまり滞留せず、隣接する他県海域に移動することが明らかになったので、2011年までで放流を中止した。

　東部海域において、徳島県ではスジ延縄によるトラフグ漁獲量が増えたため、1987年以降漁業者が種苗を放流したが、漁獲量の減少により2007年までで放流を中止した。

表 1 － 6　関係県におけるトラフグ種苗放流実績の推移

（単位：千尾）

西暦年	1984	1985	1986	1987	1988	1989	1990	1991	1992	1993	1994	1995	1996	1997	1998	1999	2000	2001	2002	2003	2004	2005	2006	2007	2008	2009	2010	2011	2012	2013	2014	2014年放流尾数
青森県																○	○	○														
秋田県														○	○	○	○	○	○	○	○	○	○	○	○	○	○	○	○	○	○	88
神奈川県											○		○	○	○	○	○	○	○	○	○	○	○	○	○	○	○	○	○	○	○	174
富山県										○									○						○							
石川県											○	○				○	○	○	○	○				○	○	○	○	○	○	○	○	34
福井県											○	○																				
静岡県						○	○	○	○	○	○	○	○	○	○	○	○	○	○	○	○	○	○	○	○	○	○	○	○	○	○	177
愛知県			○	○	○	○	○	○	○	○	○	○	○	○	○	○	○	○	○	○	○	○	○	○	○	○	○	○	○	○	○	130
三重県			○	○	○	○	○	○	○	○	○	○	○	○	○	○	○	○	○	○	○	○	○	○	○	○	○	○	○	○	○	374
和歌山県			○	○																												
鳥根県																											○	○				
岡山県			○																						○							
広島県			○								○																					
山口県	○	○	○	○	○	○	○	○	○	○	○	○	○	○	○	○	○	○	○	○	○	○	○	○	○	○	○	○	○	○	○	535
徳島県																			○						○			○				
香川県										○																						
愛媛県																			○	○	○	○	○	○	○	○	○	○	○	○	○	53
福岡県	○	○									○	○	○	○	○	○	○	○	○	○	○	○	○	○	○	○	○	○	○	○	○	489
佐賀県		○	○	○															○	○	○	○	○	○	○	○	○	○	○	○	○	67
長崎県	○	○	○	○	○	○	○	○	○	○	○	○	○	○	○	○	○	○	○	○	○	○	○	○	○	○	○	○	○	○	○	413
熊本県		○	○																○	○	○	○	○	○	○	○	○	○	○	○	○	32
大分県	○	○	○																○	○	○	○	○	○	○	○	○	○	○	○	○	10
宮崎県																															○	
鹿児島県						○																				○	○					
合計	4	5	8	10	9	13	12	12	12	13	17	18	17	18	19	17	17	19	20	15	15	15	16	16	18	17	15	15	13	13	13	計2,576

資料：栽培漁業種苗生産，入手・放流実績（全国，資料）（水産総合研究センター）

（2）　九州・山口北西海域

　山口県、福岡県、長崎県では、1984年には既にトラフグ人工種苗の放流を行っており、佐賀県も1990年から放流を開始し、2014年現在4県とも放流を継続している。特に長崎県では、2004年から有明海で50万尾の大量標識放流（資源を育む長崎の海づくり事業）を実施している。その結果、有明海における親魚の全漁獲量は、2005年以前には5トン程度と少なかったが、放流魚の回帰が始まった2006年には8トン、2007年以降10トン以上に増加した[50]。

　長崎県総合水産試験場等が参画した農林水産技術会議予算「最適放流手法を用いた東シナ海トラフグ資源への添加技術の高度化」（2006〜2010年度）により、7cm以上の大きめの種苗を放流すると回帰率が高く、尾鰭の欠損が少ないことが明らかになった。種苗放流を行う漁協はこれまで自分の前浜に放流することが多かったが、この研究成果を踏まえて、放流効果が高い有明海や瀬戸内海などで放流することが多くなった。

（3）　太平洋中海域

　東海3県関係3漁協がトラフグ種苗を放流した開始年は、愛知県日間賀島漁協が1985年、三重県旧安乗漁協が1986年、静岡県浜名漁協が1987年であり、関係3漁協が連携して放流したことがわかる。

　公的機関が放流種苗の生産を開始した年は、三重県栽培漁業センターが1987年と早く、次いで、水産研究・教育機構増養殖研究所南伊豆庁舎（静岡県南伊豆町）の2000年、愛知県栽培漁業センターと静岡県温水利用研究センターの2005年であった。

　浜名漁協を含む静岡県内の多くの漁協は、1990年から旧安乗漁協が中間育成した種苗を購入して静岡県海面に放流した。また静岡県では、県内での放流を主体としつつ、2007年からトラフグ稚魚の育成に適した干潟である三重県伊勢市有滝にも、静岡県産の人工種苗を放流している。

　瀬戸内海関係県における放流県は、1990年代半ばから2000年まで、岡山県、

第1章　フグ延縄漁業の生産構造の変化（漁業編）　55

広島県、山口県、徳島県、香川県、愛媛県の6県であったが、2014年には山口県と愛媛県の2県しか放流していない。人工種苗放流県の減少を補完するため、第1章第1節の「4．瀬戸内海におけるトラフグ漁業管理」で述べたが、今後はこれまで以上に産卵親魚の保護が重要になる。

4．フグ延縄漁業の存続条件の検討

　天然フグの3種はいずれも漁獲量が減少した。カラスフグは産卵場や成育場が外国海域にあるため、日本が管理できない。マフグは産卵場や成育場が日本海の沖合にあるが、外洋性なのでやはり資源管理が難しい。一方、トラフグは幸いにして、日本国内の内湾に産卵場があるので資源管理を行いやすい。

　日本周辺の2つのトラフグ系群のうち、まず日本海・東シナ海・瀬戸内海系群についてみると、瀬戸内海では産卵親魚の来遊量が激減したので、資源管理において最も重要なことは、瀬戸内海に来遊する産卵親魚の確保である。産卵親魚の来遊量がある程度回復するまで、産卵親魚の漁獲を制限してはどうか。

　主要な産卵場である布刈瀬戸と備讃瀬戸では、漁法が一本釣りだけの時には産卵親魚の来遊量が多かった。しかし、布刈瀬戸では1974年頃から吾智網、備讃瀬戸では1980年代に福山市走島周辺海域に設置された小型定置網により産卵親魚が漁獲されるようになると、来遊量が大幅に減少した。最近ではこれら漁具による漁獲量も減少しているが、今後、産卵親魚を狙った吾智網と小型定置網による操業は自粛することが望ましい。大阪のフグ料理店が産卵親魚の利用を止めれば、漁業者による産卵親魚の漁獲を確実に減らすことができる。

　また、九州・山口北西海域では、1980年代半ば以降スジ延縄により産卵親魚が漁獲されると、その頃から瀬戸内海で卓越年級群が発生しなくなった。スジ延縄による漁獲圧力を削減させるため、まず、フグ延縄への依存度が低い漁船の着業を制限してはどうか。

　次に、伊勢・三河湾系群についてみると、この海域では従来から漁業者の資源管理意識が高く、1978年の「3漁協協定書」により現在の資源管理の枠組みが構築された。この系群は元来資源量が少ないので、漁獲圧力が過剰になると

資源が容易に枯渇する恐れがある。このため、漁獲量が最も多い愛知県海面では、資源量に対して出漁漁船の隻数が多すぎるため、過剰漁獲に陥らないように出漁日数を減らしている。しかし地元の流通業者や宿泊施設にとって、出漁日数が少なすぎて、欲しい時に必要な量の天然トラフグが入手できないので、天然トラフグ離れが進んでいる。今後、出漁日数を増やす必要があるが、そのためには出漁漁船の隻数削減が望まれる。

九州・山口北西海域では、既に広域漁業調整委員会の指示により出漁可能隻数を制限しているが、今後、太平洋中海域においても、類似の手法により、愛知県海面における出漁隻数を削減する検討が望まれる。以上、2つの系群はいずれも漁獲量が減少したため、フグ延縄漁業の存続条件は、出漁隻数の削減が共通事項として挙げられる。

コラム5：中国西限線侵犯事件

　1975年に締結された旧日中漁業協定を遵守するため、日本政府は日本側の国内法令措置として、協定水域の西限線（軍事警戒線）以西の海域については日本漁船の立入を禁止した。しかし、1980年9月に多数の日本フグ延縄漁船が西限線を侵犯して操業を行った。中国政府は外交ルートを通じて、侵犯事実の指摘と侵犯防止の申し入れを行い、日中間の国際問題に発展した。

　日本側は、フグ延縄漁船56隻が停泊処分（行政処分の1つ）、40隻が自主停泊、計96隻が15日間の停泊などの処分を行った。停泊処分は1～2月に実施され、15日の停泊はこの時期の1航海分に相当する厳しい処分内容であった。

　フグ延縄漁船は、1977年の北朝鮮の経済水域の設定と、1980年の中国西限線規制強化により、黄海北部の優良なトラフグ漁場を失うことになった。越ヶ浜ではこれまで、延縄漁船への乗船希望者が多かったが、この侵犯事件を契機に乗組員希望者が減少した。著者はこの侵犯事件発生時、水産庁振興部沿岸課調整第1班係長に在職しており、再発防止のため、水産庁長官通達（フグ延縄漁船の中国水域侵犯操業について）を起案した。

注

1) 伊藤正木「移動と回遊からみた系群」『トラフグの漁業と資源管理』（多部田修編）恒星社厚生閣、pp.28-40、1997年。

2) 安井港・濱田貴史「遠州灘・駿河湾海域におけるトラフグの標識放流結果からみた移動」『静岡水試研報』第31巻、pp.1-6、1996年。

3) 柴田玲奈・佐藤良三・東海正「瀬戸内海とその周辺水域」『トラフグの漁業と資源管理』（多部田修編）恒星社厚生閣、pp.68-83、1997年。

4) 水産庁増殖推進部・国立研究開発法人水産総合研究センター「トラフグ日本海・東シナ海・瀬戸内海系群の資源評価」『2014年度我が国周辺水域の漁業資源評価』。

5) 新宅勇「山口県内海漁村の変貌－周南工業地帯を中心に－」『漁業経済研究』第19巻第3号、pp.49-62、1972年。

6) 山口県『昭和63年度広域資源培養管理推進事業報告』pp.1-51、1984年。

7) 山口県、前掲書。

8) 藤田矢郎「日本産主要フグ類の生活史と養殖に関する研究」『長崎水試論文集』第2集、121pp.、1962年。

9) トラフグの一本釣りは、「ヒッカケ釣り」とも呼ばれ、針とおもりが一体となっており、おもりが底につくと針先が2～3cm浮き上がるようになっている。

10) 角田直一『暮らしの瀬戸内海　風土記下津井』筑摩書房、238pp.、1981年。

11) 袋待網は、潮流の速い所に袋状の網を錨で固定し、魚群を待ち受ける漁法であり、潮流に乗って遊泳する魚群を捕獲するために、袋口を潮流に向かって錨止めする。

12) 倉田亨監修「フグ」『水産物流通の変貌と組合の30年　資料編』大阪市水産物卸協同組合編、蒼人社、pp.84-98、1985年。

13) 花渕信夫「九州周辺海域におけるトラフグについて」『水産技術と経営』第33巻第3号、pp.17-28、1987年。

14) 広島県『平成元年度広域資源培養管理推進事業』1990年。

15) 大分県東国東地方振興局『伝統的漁具漁法等伝達事業報告書　東国東郡の伝統的漁具漁法』pp.13-14、1995年。

16) 長崎県総合水産試験場『長崎県の漁具・漁法』2002年。

17) 松浦勉「漁獲組成からみた東シナ海・黄海におけるフグ漁業に関する2・3の知見」『UO』No.29、pp.13-30、1978年。

18) 「松浦修平「生物学的特性」『トラフグの漁業と資源管理』水産学シリーズ111、日本水産学会監修、恒星社厚生閣、pp.16-27、1997年」において、多部田ら（未発表）の現地調査により、中国山東半島周辺である海州湾、青島外海、栄城沿岸、莱州湾の東部などは、ほとんどがカラスフグの産卵場である、と述べている。

19) 「松浦「中国の漁業生産」『東アジア関係国の漁業事情（韓国・中国・台湾・北朝鮮・香港・極東ロシア）』海外漁業協力財団、海漁協（資）No.134、pp.85-90、1994年」において、中国では1985年から水産物の価格が自由化されたことに伴い、魚価が上昇して漁業者の漁業収入が上がった。このため、大衆漁業（国営公司以外の漁業経営体）は、株

58

式制度などを活用して多額の資金を確保し、資金や技術を組み合わせて漁業規模の拡大や生産の効率化を一層進めるようになった、と述べている。このことから、急増した大衆漁業漁船の操業により、カラスフグの産卵場・育成場であった山東半島東部周辺海域が壊滅的なダメージを受けて、カラスフグの漁獲量が短期間で激減したと推測される。

20）山田梅芳・時村宗春・堀川博史・中坊徹次『黄海・東シナ海の魚類誌』東海大学出版会、1,261pp.、2007年。

21）萩地区漁船のバイかご漁業は、新日韓漁協協定締結以前には、外国漁船との操業トラブルの発生を回避するために操業期間が短かった。1999年の同協定締結により日本の200海里水域が設定されたため、操業トラフグがなくなり、バイかごは周年操業ができるようになった。

22）松浦勉「東シナ海・黄海におけるフグ延縄漁業の変遷について」『水産技術と経営』第42巻第8号、pp.15-26、1996年。

23）北朝鮮は、松生丸が北朝鮮の領海を侵犯し、北朝鮮警備艇の停船命令に従わないで逃走したことが事件発生の原因であるとしつつも、事件の発生に遺憾の意を表明して松生丸及び乗組員の返還に応じ、さらに北朝鮮赤十字社から死亡者に対し、それぞれ2万ドルの救助資金が遺族に送付された。

24）新版鎮西町史編集委員会『新版鎮西町史下巻』唐津市、2006年。

25）佐賀県『2005年度資源増大技術開発事業報告書　回帰性回遊性種（トラフグ）』佐賀県・山口県・三重県・愛知県・静岡県・秋田県、2006年。

26）中野金三郎「萩・越ヶ浜のフグ延縄漁業の沿革」『西海区水産研究所ニュース』No.63、pp.1-3、1989年。

27）廣吉勝治「フグ延縄漁業」『沿岸基幹漁業実態調査報告書』pp.1-55、1986年。

28）山口県外海水産試験場『フグ類資源の有効利用に関する研究報告（1983～1985年度総括）』指定調査研究総合助成事業、34pp.、1986年。

29）萩越ヶ浜漁協『1994年・1995年度地域漁家経営強化特別対策事業・萩越ヶ浜地域漁家経営強化方策』74pp.、1996年。

30）1965年の旧日韓漁業協定締結交渉時の「討議の記録」において、日本側は「沿岸漁業に従事する日本国の漁船で共同規制水域内に出漁するものの大半は、零細な経営規模のものであり、その操業区域もこのような漁船の出漁能力の実体からみて同水域において、主として対馬北方から済州島北西方までであり」と発言した。韓国側は、1970年代後半当時、共同規制水域に出漁するフグ延縄漁船を含む日本の沿岸漁船が大型化傾向にあり、かつ出漁範囲が拡大していることを指摘した。これに対し、日本側は、フグ延縄漁船のトン数増加は活魚用魚槽スペースの拡大によるものであることや、トン数規制（60トン未満船）は適正に遵守されており、経営体は零細規模であることなどを説明して、韓国側の理解を求めた経緯がある（（注19）による）。

31）フグ取締り省令の主な規制措置は、①北緯38度の線以北での操業を周年禁止する。②黄海・東シナ海の一定の規制水域（北緯30度以北、東経128度以西の水域）において、一定期間の操業禁止が設けられた。なお、フグ取締り省令は、1994年度に他の関連省令と

第1章　フグ延縄漁業の生産構造の変化（漁業編）　59

ともに一本化され、「承認漁業等の取締りに関する省令」に含まれた。

32）萩市玉江浦漁協『玉江浦と青年宿』（視察用のパンフレット）、1961年。

33）中野泰『近代日本の青年宿』吉川弘文館、257pp.、2005年。

34）福岡県『2004年度資源増大技術開発事業報告書　回帰型回遊性種（トラフグ）』山口県・福岡県・長崎県・三重県・愛知県・静岡県・秋田県、2005年、福岡6。

35）三重県・愛知県・静岡県『トラフグ資源管理推進指針』pp.1-20、1998年。

36）三重県『1997年度資源管理型漁業推進総合対策事業報告書（広域回遊資源)』pp.31-60、1998年。

37）愛知県『1996年度資源管理型漁業推進操業対策事業報告書（広域回遊資源)』pp.1-119、1997年。

38）三重県『1995年度資源管理型漁業推進総合対策事業報告書（広域回遊資源)』pp.1-15、1996年。

39）三重県・愛知県・静岡県、前掲書。

40）安乗のある漁業者が、1983年に下関のフグ延縄を視察した際に松葉の漁具を知った。太平洋中海域ではカタガネを使用しており、釣り針と釣り針の間隔は7.5m以上に規制されていたが、松葉を使用すると3.5〜4mに間隔を狭めることができる。この漁業者は、太平洋中海域において、実際に松葉を使用して、カタガネを使用する他のフグ延縄漁業者よりも多くのトラフグを釣り上げた。この結果、資源保護上の問題を指摘され、1986年の「3漁協協定書」において「松葉」が使用禁止になった。

41）三重県・愛知県・静岡県、前掲書。

42）三重県・愛知県・静岡県、前掲書。

43）金田禎之『日本漁具・漁法図説』成山堂書店、637pp.、1977年。

44）中野、前掲書。

45）金田、前掲書。

46）中野、前掲書。

47）1970年代の黄海・東シナ海における1日のフグ延縄操業状況をみる。底延縄は1日1回操業であり、90〜120鉢を使用。1鉢に収容される釣り針数が60本であり、幹縄の長さが約120〜300mである。このため、1日に使用する釣り針数は最大7,200本、延縄の距離は最大30数kmに及ぶ。

48）長崎県総合水産試験場『長崎県の漁具・漁法』pp.277-278、2002年。

49）長崎県総合水産試験場『長崎県の漁具・漁法』pp.270-272、2002年。

50）松村靖治「有明海におけるトラフグ放流魚の産卵回帰と近年の好漁について」『長崎県漁連だより』No.183、2010年。

第2章　トラフグの蓄養業と養殖業の生産構造の変化
（蓄養殖業編）

第1節　トラフグ蓄養業の生産構造の変化

　トラフグの蓄養種苗は、産卵親魚と小型魚の2つのタイプが利用される。まず産卵親魚が1950年代から1960年代前半に利用され、1980年代以降養殖技術の進展に伴い小型魚が蓄養種苗として利用された。

　産卵親魚の蓄養では、一本釣りや定置網により漁獲されたものを用い、体重はあまり増加せず魚価が高騰する冬期に出荷する方法であり、岡山県、広島県、福井県などで行われた。一方小型魚の蓄養では、延縄や定置網により漁獲されたものを蓄養種苗として用い、数か月から1年以上飼育して体重を増加させ冬季に出荷する方法であり、宮崎県、鹿児島県、広島県などで行われた。

1．産卵親魚を利用した蓄養生産の動向

　1960年頃の産卵親魚は、若狭湾では定置網により約2万尾、瀬戸内海中央部海域では主に一本釣りにより約8万尾、関門海峡付近では定置網により7,000尾、島原海域では一本釣りにより5万5,000尾、天草の牛深市産島付近で約1万尾が漁獲された。このうち、瀬戸内海中央部海域および若狭湾の産卵親魚は、ほとんど全部が蓄養種苗として利用されたが、関門海峡付近、三角〜島原〜口之津海域では、全く蓄養種苗としては利用されなかった[1]。

　以下に、産卵親魚の蓄養が盛んであった瀬戸内海と福井県の動向を述べる。

（1） 瀬戸内海

瀬戸内海では、1930年代に産卵親魚を種苗として試験的に蓄養が行われたが、商業化には至らなかった。戦後1951年に内田七五三氏が岡山県間口湾の廃止塩田を蓄養池として、産卵親魚の越夏蓄養を行い商業化の見通しがついた。

1950年代初頭に岡山県と広島県が蓄養を行うようになったのは、大阪周辺海域の天然トラフグ漁獲量が減少したため、大阪のフグ流通業者「丸兼」の要請がきっかけである。岡山県と香川県では備讃瀬戸、広島県では布刈瀬戸に産卵回遊する親魚を種苗として利用した。

瀬戸内海の蓄養方法には、①金網仕切式、②築堤式、③小割式、④陸上池式などがあるが、金網仕切式が最も多い。岡山県は、広島県よりも金網仕切式や築堤式の蓄養場適地が多く、1951年頃他県に先駆けて蓄養を始めた。岡山県の蓄養業者は、岡山県の日生・間口・笠岡の他に、香川県の直島・櫃石島でも蓄養を行った。

岡山県フグ蓄養生産量（漁業養殖業生産統計年報による。この当時はトラフグの蓄養のみ）は1960年から掲載され、1960年が5トン、1962年が62トンで最も多かった。しかし、その後は親魚の不漁から生産量が減少し、1965年が33トン、1969年が1トン、1970年以降ゼロになった。蓄養生産量が激減した理由は、種苗の減少、種苗価格の高騰、歩留まりの低下などによる。

蓄養種苗には、主に一本釣りにより釣り上げられたものを用いたが、ヒッカケ漁具により内臓が傷つくと種苗としては使用できない。また、洋上で釣り上げられた親魚を蓄養種苗として利用する場合には、船内の活け間の中で咬み合わないように、普通の針（大針）で口を縫っていた。

瀬戸内海では、夏期の高水温時にフグが潜れる底質（泥、砂泥）の場所がある岡山県や香川県島嶼部などに、金網仕切式や築堤式の蓄養場が造成された。しかし、夏期になると水温が上昇しすぎるなどの理由により、歩留まりは20〜70％（平均50％）と低かった。また、小型機船底びき網や袋待網により漁獲されたものは、網で傷つきストレスを受けるため蓄養種苗には使用されず、1965年頃になるとこれら漁業の漁獲量が増加して、一本釣りによる漁獲が激減した

ため、蓄養種苗が確保できなくなった。

　フグの蓄養は、親魚の価格が安いことが経営上の成立条件である。瀬戸内海における親魚（１尾が1.5〜3.5kg）１尾の価格（運搬費を含まず）は、1960年には250円と安かったが、1965年には1,000円に高騰した。当時のフグ蓄養からみて、１尾500円以上の種苗では採算が合わなかった[2]。

　岡山県では、1960年代半ば以降親魚が入手しにくくなったので、定置網に入網した小型フグを種苗にして蓄養を行った。蓄養したフグは、越冬して800〜1,200gに大きくなったものを年末に出荷した。しかし、この当時、トラフグの飼育方法が未熟であり餌の問題もあって、筋肉に黒い筋が発生したことや、生残率が低かったため、小型フグの蓄養は失敗に終わった。

　また、広島県尾道市吉和でも、一本釣りによる産卵親魚を蓄養場で飼育した。広島県フグ蓄養生産量は、1963年が３トン、1965年が８トンであったが、1966年以降ゼロになった。吉和では1950年代後半〜1966年に、岩子島（いわし）の南側に築堤式蓄養場を造成して蓄養を始めたが、岡山県と同様、種苗の極端な入手難に陥り生産量が減少したためである。

　岡山県と広島県のトラフグ蓄養は、1960年代半ばに黄海・東シナ海でカラスフグが大量に漁獲されて、蓄養トラフグの価格が低下したことも、衰退の一因である。

（2）　福井県

　瀬戸内海で産卵親魚の蓄養が始まると、福井県にも蓄養技術が伝播された。福井県若狭湾では産卵期（４〜６月）に来遊する親魚は、ほとんどが定置網により漁獲された。定置網に漁獲される産卵親魚は、一本釣りのように内臓が傷つくことがないので生残率が高く、1960年当時の親魚１尾の種苗価格は、岡山県が300円に対して、福井県では430〜580円と高かった[3]。

　福井県フグ蓄養生産量は、1958年が９トン、1961年が58トンのピークであり、その後漸減した。福井県では、４月と５月に１〜３kgの産卵親魚が定置網に入網する。定置網のトラフグ漁獲尾数は、最盛期の1960年代前半には７万尾に

達し、1986年までは数万尾で推移したが、1987年から減少し、最近は1,500～3,000尾程度と少ない。

　福井県の産卵親魚の蓄養は、瀬戸内海とは異なり現在も継続して行われている。福井県では、夏期の水温が瀬戸内海より低いこともあり、蓄養トラフグの歩留まりが高い。1990年代前半までは親魚の価格が安かったので、すべて蓄養種苗として利用することができた。しかし1990年代半ば以降、４月中旬までの親魚は活魚として関西市場へ出荷され価格が高騰したため、価格が下がる４月下旬以降しか蓄養種苗として利用できなくなった。例えば、2014年当時の１kgあたり価格は、３月下旬が5,000円、４月上旬・中旬が3,000～4,000円と高く、４月下旬～５月下旬には1,500～2,000円に下がる。この結果、同年福井県の定置網で漁獲された親魚全体のうち、蓄養種苗向けが３分の１に減少した。

　現在の福井県における親魚蓄養は、高浜町では築堤式により、美浜町日向湖（ひるがこ）では小割生け簀により行われる。両地区とも以前複数の経営体が蓄養していたが、2015年現在１経営体ずつが行うにすぎない。高浜町の１経営体は、2005年頃に蓄養トラフグの市場出荷を中止し、現在は自営旅館のフグ料理用に利用している。蓄養トラフグ料理を含む宿泊料金は、養殖トラフグ料理の宿泊料金に比べて４割程度高いが、お客は多いようである。

　美浜町日向湖の１経営体は関西市場に出荷している。日向湖は周囲が４km、直径1.2km、最深部が約40m、平均水深が３mのすり鉢状の汽水湖である。夏になると表面水温は30度と高いが、中層の水温が18度と低いので、トラフグは夏でも元気に餌を食べる。1950年代には約４経営体がトラフグを蓄養したが、2000年代以降蓄養トラフグ価格が低下し廃業者が増えた。小割生け簀施設は、９m×９m×７m（深さ）の金網を使用し、蓄養尾数は年間500尾程度と少ないが、蓄養開始から出荷までの生残率が約９割と高い。１日あたり投餌量は、盆以前には体重の約１％であるが、９月以降は体重の３～5.5％に増加。蓄養期間中（８か月）の全投与餌量は、トラフグ体重の約５倍に相当する。

2．小型トラフグを利用した蓄養生産の動向

　瀬戸内海において、卓越年級群の大量発生が見られた1980年代後半には、小型トラフグが瀬戸内海から豊後水道を通って南下し、日向灘にまで分布域が拡大したことと、当時のトラフグ価格が高かったので、宮崎県や鹿児島県では漁獲した小型魚の蓄養が行われた。

　宮崎県延岡市島浦町漁協では、1980年代後半頃、約20名のフグ延縄漁業者が4～7月に漁獲した小型トラフグ（300～600g）を、12月まで蓄養して1kgに成長させたものを市場出荷した。しかし1994年になると、日向灘に来遊する小型トラフグが減少したため蓄養を中止した。蓄養トラフグの身質は、天然物に近いので養殖物より高い価格で売れた。なお、8月～翌3月に漁獲されるトラフグはサイズが大きいので、蓄養種苗には使用せず、そのまま市場に出荷された。

　また、鹿児島県志布志湾では、4～6月に小型トラフグが大型定置網に入網した。高山町漁協では、1982～1998年に地元の小割式養殖業者が1尾あたり800～900円で購入して蓄養し、年末に1kgに成長させて出荷した。しかし、志布志湾でも小型トラフグの来遊が減少したため、1999年に蓄養を中止した。

　次に瀬戸内海をみると、広島県福山市田島漁協では、1985年頃から4月上旬～6月中旬に小型定置網に入網する100～300gの小型魚を蓄養した。トラフグはサイズにより餌付きや成長率が異なり、田島漁協では150gサイズの小型魚が蓄養種苗に適している。150gサイズのトラフグは、蓄養を始める直前に下歯を1回切ると、出荷までの歯切り作業が不要であり、生残率が6割であった。この小型魚は、その年の冬（1.5歳魚）に500g、次の年の冬（2.5歳魚）に1～1.5kgである。投餌量が少なく成長が遅いので、養殖トラフグとの差別化を図るため、もう1年飼育して2kgサイズ（3.5歳魚）になったものを出荷している。餌は、定置網で漁獲された雑魚（グチ、イカなど）や、魚料理の際に発生した内臓など、自前で用意するためコストが低い。田島漁協の小型トラフグの蓄養業者は、1990年代には6経営体あったが、入網する小型魚が減少したため、2014年には1経営体だけになり、年間数10尾を蓄養するにすぎない。

3．トラフグ蓄養の管理

　下関南風泊市場では、蓄養トラフグは1960年代前半から2009年まで上場され、産地別には鹿児島県や熊本県が小型魚、福井県が産卵親魚であった。蓄養トラフグの価格（1kgあたり）は、1990年代が6,000～1万円、2000～2008年が4,000円で高かったが、リーマンショック後の2009年に2,000円に低下したため、その後同市場ではほとんど扱わなくなった。

　蓄養トラフグの価格は、天然物と養殖物の中間にランクされる。市場において、1kgあたりの価格が最も高い2kgサイズの天然トラフグが少ない時には、蓄養トラフグが天然トラフグの代替として、天然トラフグ並の価格で取引されることがある。

　蓄養トラフグの価格が高かった2008年までは、産卵親魚と小型魚の蓄養業者は、いずれも比較的経営が良かったと思われる。しかし、広島県の事例からみると、小型魚蓄養は2009年以降価格が下がり、多くの経営体が蓄養を中止した。このことから、今後とも存続できるトラフグ蓄養は、産卵親魚が種苗として安定的に入手できる福井県における、一部の小規模経営に限られると思われる。

コラム6：産卵場の縮減と産卵親魚の保護

　下関南風泊市場に上場された内海産トラフグの取扱量は、1986年には336トンであったが、卓越年級群の発生により翌年は1,025トンに増加した。しかし、その後卓越年級群が発生しなくなったため、2016年にはわずか31トンであった。卓越年級群が発生しなくなった理由は明らかではないが、産卵場環境の悪化が一因と思われる。

　瀬戸内海における2大産卵場である備讃瀬戸と布刈瀬戸では、かつて大量の産卵親魚が来遊していたが、最近は激減した。トラフグの産卵場は、湾口または島嶼間に位置し、潮流が速く底質が砂の場所である。備讃瀬戸と布刈瀬戸には、いずれも本四架橋が設置され、海底地形が大幅に改変された。本四架橋の真下にある布刈瀬戸の岸に佇むと、大量の走行車両の振動と大きな騒音がするので、産卵場の環境が相当悪化していると思わざるを得ない。

　布刈瀬戸がある尾道市では、小型機船底びき網の隻数が多いので、底魚を保護するため海砂利の採取を規制したが、隣の三原市では小型機船底びき網の隻数が少ないので海砂利の採取に同意し、海砂利が大量に採取されたため、トラフグの生息環境が悪化した。備讃瀬戸と布刈瀬戸で産み落とされた卵が成長して幼稚魚になると、養育場である干潟などに移動する。幼稚魚は、干潟がない香川県には行かず、岡山県や広島県の干潟へ移動する。

　海砂利採取は現在瀬戸内海では禁止されているが、玄界灘周辺では禁止されておらず、山口県下関市蓋井島の西や福岡県玄界島の沖で、砂利が採取されたことにより、トラフグの来遊量が減少したと聞く。

　一方、太平洋中海域では、瀬戸内海に比べて産卵規模が小さく、トラフグの再生産に対する危機感が強い。安乗沖では以前4〜5月に産卵親魚をまき網が漁獲していたが、地元漁業者の話し合いにより、2006年以降まき網が自主的に漁獲を中止して産卵親魚を保護している。

　西日本においては、山口県が産卵親魚を保護している。山口県日本海では、「菜種フグには手を出すな」という言い伝えがあり、定置網に入った産卵親魚を放流している。山口県瀬戸内海では、産卵親魚は網漁具ではなく、一本釣りにより遊漁者と漁業者が漁獲しているが、雌の親魚は放流しているようである。

第2節　海面におけるトラフグ養殖業の生産構造の変化

1.　海面におけるトラフグ養殖の動向

　トラフグ養殖に関する研究は、1960年藤田矢郎氏による人工ふ化飼育の成功が契機となった[4]。人工種苗生産は、1980年代半ばまでは不安定であったが、1989年頃長崎県水産試験場により天然親魚を用いた種苗生産技術が確立された。1980年代〜1990年代におけるトラフグ養殖は、病気による斃死が多く生産量が不安定であったため、県別のトラフグ生産量が大きく変動した。全国で一番トラフグ養殖生産量が多い県は、時系列的にみると、1980年代前半には愛媛県であったが、その後、鹿児島県、熊本県、長崎県と目まぐるしく変わった。

　愛媛県は、1977年全国に先駆けてトラフグを大量に養殖生産し、1982年には152トンを生産して全国1位になったが、その後、口白症などにより減産した。1985年には鹿児島県が179トンを生産して全国1位となった。鹿児島県では、地元の大手企業「城山合産（株）」が奄美大島でトラフグ稚魚を早期育成させて、2年魚を甑島と鹿児島湾奥にある隼人で9〜10月に中間育成して、1980年代後半から下関南風泊市場へ大量に出荷した。鹿児島県の生産量は、1984年の68トンから1992年には993トンに増加したが、その後ヤセ病（腸管内原虫症）などが深刻化して、2002年には37トンに減産した。この当時、トラフグは疾病に関する研究蓄積が少なく、斃死原因が解明されないまま、城山合産（株）はトラフグ養殖から撤退した。

　1993年には熊本県が1,184トンを生産して全国1位になった。しかし、熊本県では、1996年にホルマリンの使用規制が強化されると、さまざまな病気が発生したため、1997年の1,851トンをピークに減産した。1998年には長崎県が1,635トンを生産して全国1位になり、2015年現在も1位の座にあるが、これは1990年代末にトラフグの養殖技術が向上して、大量斃死が少なくなったためである。

　トラフグの養殖特性として、①神経質なためお互いを噛み合う習性があり、

噛み合いが激しいと斃死に至る。②尾びれを噛むことにより商品価値が低下する。③動きが緩慢なので寄生虫病にかかりやすい。④胃がないため一度に大量の餌を摂餌できず、時間をかけて少量ずつ投餌しなければならないので作業効率が悪い。⑤病気にかかると大量斃死を起こしやすく歩留まりが低い、などがある。

　トラフグ養殖は、ブリ類やマダイと比べて、養殖作業の手間が多く斃死率が高いため、トラフグの養殖が始まった当初、採算ベースにのるのか危ぶむ人もいたが、関係者のたゆまない努力により養殖技術が向上した。トラフグ養殖は1尾ずつ成長に合わせて何度か歯切り作業を行い、寄生虫病対策の薬浴など手間がかかる。このため、事業規模の拡大によるメリットが少ないので、個人経営規模で養殖されることが多く、海面養殖では1経営体あたり数10トンの生産量にとどまっている。ブリやマダイの養殖は、省人省力化の機器が導入され、1経営体が数千トン以上を生産しているのとは対照的である。

　トラフグ養殖技術の進捗状況をみると、1980年代前半に噛み合いを防ぐための歯切り技術が開発された。また、エラムシ対策として、1999年にはマリンサワーSP（薬浴剤）、2004年にマリンバンテル（経口剤）が発売された。現在では、①歯切り、②薄飼い、③網替え、④鮮度が良く脂の少ない餌の適正投与、⑤人工餌料（EP）[5]の利用により、比較的高い歩留まりを確保できるようになった。

2．県別トラフグ養殖の生産動向

　全国のトラフグ養殖生産量と価格の推移（図2－1）を示した（実質価格に補正済み）。国内のトラフグ養殖生産量は、1980年代半ばまで少なかったが、人工種苗の量産化により、1987～1989年には1,000トンになり、1kgあたり価格は5,000円以上の高い年が多かった。1992年以降生産量が4,000トンに増加しても価格が3,000円を維持したため、国内の養殖経営は好調となり、1996～2002年には生産量が5,000トンに増加した。

　しかし、中国産の養殖トラフグ輸入量が増加したため、2000年以降価格が2,000円に低下し、国内のトラフグ養殖生産量は2003～2014年には4,000トンに

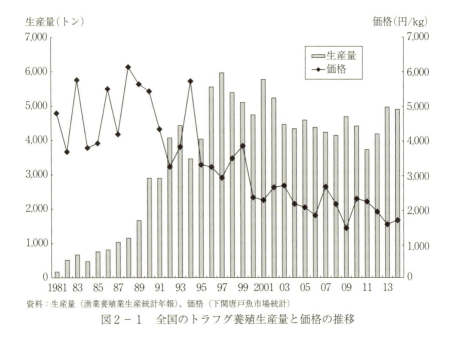

資料：生産量（漁業養殖業生産統計年報）、価格（下関唐戸魚市場統計）
図2－1　全国のトラフグ養殖生産量と価格の推移

減少した。トラフグ養殖生産額（漁業養殖業生産統計年報）は、1999年がピークの214億円であり、2013年には価格の低下により86億円に下がった。

　2014年の国内トラフグ養殖生産量は、4,902トンであり、県別に見ると、長崎県、熊本県、兵庫県、大分県、愛媛県、佐賀県、香川県、山口県、福井県の順に多い。ここでは、全国海水養魚協会・トラフグ養殖部会の構成メンバー7県（福井県、兵庫県、香川県、愛媛県、長崎県、熊本県、大分県）を対象に養殖生産の動向について述べる。2014年には構成メンバー7県の養殖生産量合計が、全国の養殖生産量の89%を占めた。7県のうち大分県は陸上養殖の生産量が多いが、他の6県は海面養殖の生産量が圧倒的に多い。

　全国海水養魚協会資料により、関係県における県別トラフグ養殖経営体数の推移（図2－2）を示した。国内のトラフグ養殖経営体数は、1995年には583経営体と多かったが、その後、2005年が365経営体、2015年が171経営体で漸減傾向にある。以下に、海面養殖の生産量が多い6県のトラフグ養殖の生産動向を述べる。

第 2 章　トラフグの蓄養業と養殖業の生産構造の変化（蓄養殖業編）　71

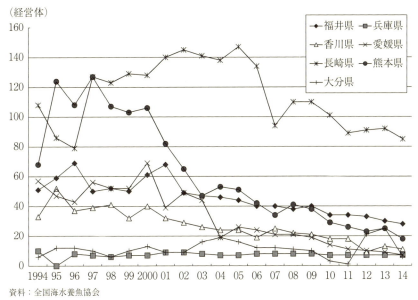

資料：全国海水養魚協会

図 2 - 2　関係県における県別トラフグ養殖経営体数の推移

（1）　愛媛県

　愛媛県では宇和島が1977年にトラフグの試験養殖に取り組み、翌1978年から本格的な養殖に着手し、稚魚から1.5年間飼育して平均体重900gに成長させることに成功した。愛媛県のトラフグ養殖生産量は、1999年には801トンのピークになったが、その後口白症の発生等により減少し、2014年が232トンであった。1999年には県内11漁協（八幡浜漁協～南内海漁協）でトラフグ養殖が行われ、2000年にはトラフグ養殖経営体数が69経営体の最多であったが、その後、歩留まりの低下と価格の低迷により減少に歯止めがかからず、2015年には宇和島の6経営体のみになった。

　宇和島では、シマアジやブリなど複数魚種を飼育する比較的経営規模が大きい個人経営体が、トラフグを養殖している。また、宇和島では2年トラフグは1kg以上のものしか出荷せず、成長が遅い2年トラフグはもう1年飼育した3年トラフグ（1.3～1.5kg）にして出荷する養殖方法を、2004年頃から選択している。

例年11〜12月になると、2年トラフグが市場に大量に出回るので価格が下がるが、8〜10月には2年トラフグのサイズが小さく出荷量が少ないので、トラフグ価格が上昇することから、この期間に3年トラフグを出荷した。しかしその後、8〜10月に陸上養殖による1kg以上の2年トラフグが出荷されるようになったため、愛媛県産の3年トラフグは従来よりも優位性が低下した。

（2） 熊本県

熊本県では1979年に天草市御所浦でトラフグ養殖が始まったが、生産が不安定であったため、1983年にいったんトラフグ養殖から撤退した。御所浦では、県外から歯切り技術とホルマリン使用技術がパッケージで導入されると、1987年にトラフグ養殖が再開され、御所浦が県内最大のトラフグ養殖産地になった。熊本県のトラフグ養殖生産量は、1993年が1,184トン、1997年には1,851トンのピークになった。

しかし、天草市河浦町の養殖真珠が大量斃死したことから、1996年に真珠養殖業者が、トラフグ養殖のホルマリン使用禁止の仮処分申請を行った[6]。このため、熊本県のトラフグ養殖業者は、ホルマリン抜きの養殖方法に転換せざるを得なくなったが、ホルマリン抜きの養殖技術をすぐに確立することができなかった。その結果、熊本県の養殖トラフグは、ヤセ病、口白症などの病気が多発して歩留まりが低下し、それをカバーするために、更なる種苗を投入するという悪循環に陥り生産量が減少した。

トラフグ養殖経営体数は1997年が127経営体の最多であったが、小規模経営が多く、「ホルマリン抜きの養殖技術」の確立に年数を要したことと、トラフグ価格の低下により廃業者が続出した。そして、2015年にはわずか18経営体（内訳は海面養殖が14経営体、陸上養殖が4経営体）へと大幅に減少した。2003〜2014年のトラフグ養殖生産量は500〜600トンで推移した。

（3） 長崎県

長崎県の魚類養殖は、かつてマダイやブリ類の生産が盛んであったが、離島

第2章　トラフグの蓄養業と養殖業の生産構造の変化（蓄養殖業編）　73

で養殖されることが多く、大消費地からの距離が遠く輸送コストが高いため、
他県との価格競争で不利となり、マダイやブリ類からトラフグへの魚種転換が
進んだ。長崎県のトラフグ養殖生産量は、1998年以降全国1位を維持し、2014
年には2,678トン、全国の55％を占め、他県を圧倒している。

　トラフグ養殖は、主に松浦市の鷹島と新星鹿、佐世保市鹿町町、長崎市戸石
で行われている。県全体に占める市別トラフグ養殖生産量の比率をみると、
2003年には松浦市が約70％で圧倒的に多かったが、2009年には松浦市が引き続
き一番多いものの30％となり、長崎市が21％、佐世保市が17％であった。

　長崎県のトラフグ養殖経営体数は、2001～2006年には130～140経営体で推移
したが、養殖トラフグ価格の低下により、2007年には94経営体、2015年が81経
営体に減少した。

（4）　香川県

　香川県のトラフグ養殖生産量は、1990年の169トンから2001年には491トンの
ピークになったが、その後の価格低下により2014年には265トンに減少した。
瀬戸内海は冬季の水温が低いため、香川県は長崎県に比べてトラフグの成育条
件が悪いが、1990年代にはトラフグ価格が高かったため、着業経営体数が多
かった。トラフグ養殖経営体は、ブリ類養殖を兼業するところが多く、1995年
には52経営体の最多であったが、2015年には10経営体に減少した。

　トラフグ養殖経営体数が県内で最も多い三豊市粟島では、当初ブリ類・マダ
イ・ヒラメなどの複数魚種が養殖され、1990年頃からトラフグ養殖が始められ
た。粟島の魚類養殖経営体は、1993年にはブリ類養殖が主体で計12経営体で
あったが、1998年と2008年にはブリ類養殖が減少し、ヒラメ養殖が主体となっ
た。しかし、2011年にヒラメのクドア症の風評被害により、香川県漁連等が養
殖ヒラメを扱わなくなると、2012年に粟島ではヒラメの養殖を中止した。この
ため、粟島の魚類養殖はトラフグのみとなり、トラフグ養殖が主となる経営体
は、2008年の1経営体から、2012年には4経営体に増加し、トラフグが魚類養
殖における救世主的存在になった。

（5）　福井県

　福井県の魚類養殖は、以前マダイが盛んであったが、価格が低下したマダイに代わる養殖魚種として、1988年頃からトラフグが増加し、1992年のトラフグ養殖生産量は350トンで全国4位になった。この当時の養殖トラフグは県外出荷が多かったが、その後西日本関係県との価格競争において、経営規模が小さい福井県は不利な状況に陥り県外出荷量が減り、2014年の生産量は124トンに減少した。

　トラフグ養殖経営体数は、1996年が69経営体の最多であり、2015年は28経営体であった。福井県はトラフグ養殖部会関係7県の中で、養殖生産量が最も少ないものの、2014年の経営体数は長崎県に次いで多い。福井県のトラフグ養殖は、民宿を兼業する家族経営規模の経営体が多く、1経営体あたり養殖放養尾数が2014年には9,000尾であり、7県の中で最も少ない。

　トラフグ養殖は、主に敦賀市と小浜市で行われる。このうち、敦賀市では海水浴客や原子力発電工事関係者の縮少により地元消費が減少したため、養殖生産量も減少した。一方、小浜市ではトラフグ養殖業者が民宿を経営し、冬の目玉料理としてフグ料理を提供する地区が多いため、養殖生産量があまり減っていない。

　そのような地区の1つである小浜市阿納では、魚類養殖経営体13戸で構成する阿納養魚組合の取り決めにより、1戸が使用する小割生け簀台数を13台に制限し、毎年のトラフグ種苗の放養尾数を9,000尾としている。そして、養殖生産量の7割が自営民宿利用、2割が一般消費者向けの宅配、1割が養殖していない近隣の民宿や料理店への直納である。阿納のトラフグ養殖業者は、以前、民宿で使い切れない分を卸売市場に出荷していたが、その後、インターネットを使った一般消費者向けの宅配が増えたため、卸売市場に出荷することがほとんどなくなった。

（6）　兵庫県

　兵庫県のトラフグ養殖は、南あわじ市福良だけが行っている。福良では、

第2章　トラフグの蓄養業と養殖業の生産構造の変化（蓄養殖業編）　75

1980年代には主にブリ類を養殖していたが、1983年からトラフグ養殖を試験的に実施し、生残率が向上したため、1992年から本格的なトラフグ養殖に取り組んだ。福良湾は最低温度が7度であり、長崎県の平均12度に比べてかなり低いので、トラフグの成長が遅い。このため、2年トラフグ（1.5年間飼育）の11〜12月の出荷サイズは、800gが主体であった。1990年代までは価格が高かったため養殖経営が順調であったが、2000年頃から800gサイズの価格が低下したので、養殖経営が赤字に陥った。

　このため、福良では成長が遅いことを逆手にとって、1995年から2.5年間飼育する3年トラフグの出荷を始めた。大都市の中央卸売市場では、3年トラフグと2年トラフグは同じサイズであれば価格に差がない。このため、福良は2003年に1.2kg以上の3年トラフグを、「淡路島3年トラフグ」としてブランド化を図った。3年トラフグは、2年トラフグに比べて白子の入る時期が早く身質も良い。

　その結果、3年トラフグは淡路島の島内では、2009年頃から価格面において、2年トラフグとの差別化が図られるようになった。3年トラフグは生産量の半分が島内で消費され、中央卸売市場よりも高い価格で取引される（2013年のある時期における価格は、2年トラフグが1,500〜2,000円に対し、3年トラフグが2,500円）。この結果、兵庫県のトラフグ養殖生産量は、2009年が31トン、2010年が200トン、2014年が231トンで増加した。兵庫県は、トラフグ養殖部会の他の6県とは異なり生産量が増加し、養殖経営体数も安定的に推移している。

3．主要地区（長崎県松浦市）におけるトラフグ養殖業の動向

　長崎県松浦市新松浦漁協では、鷹島にある阿翁浦と殿の浦、本土側にある新星鹿の3つの地区でトラフグ養殖が行われ、同漁協は全国のトラフグ養殖産地の中で生産量が一番多い。特に鷹島は、リアス式海岸で潮通しが良く海の水質がきれいであり、新星鹿よりもトラフグ養殖が盛んである。

　鷹島では、当初ブリ類養殖が行われていたが、ブリ類価格の低下によりマダイやヒラメに魚種転換し、マダイやヒラメの価格も低下したため、1985年頃か

らトラフグ養殖が始まった。そして1996年頃から、年2～3回の歯切りなど養殖技術の改良を積み重ねて、比較的安定的な養殖生産を行っている。この結果、長崎県のトラフグ養殖生産量は、1995年の816トンから翌1996年には1,362トンに増加した。

鷹島では、2001年には29経営体で年間1,200トンのトラフグを生産し、当時の全国生産量の2割を占め、品質的にも他産地以上の評価を得るようになった。

トラフグの人工種苗は、種苗生産業者によって成長や耐病性、白子の大きさなどが異なり、種苗の善し悪しが養殖経営に大きな影響を与える。このため、鷹島の養殖業者は、種苗の質の差違により生じる経営リスクを分散させるため、3社の種苗生産業者から同じ数量ずつ種苗を購入することが多い。阿翁浦の1経営体が所有する生け簀台数は20台が基本であり、1つの生け簀は、角型の10m×10m×3m・5m・6m（深さ）、網地は化繊である。生け簀の面積は、区画漁業権が設定された漁場面積の約1割を占める。

毎年5月に5cmサイズの人工種苗を購入して養殖を開始し、翌年10月から翌々年2月にかけて、1kg程度に成育した2年トラフグを中心に出荷する。平年の出荷量は1経営体あたり3万尾前後、7～8台の生け簀に稚魚を7,000～8,000尾ずつ飼育し、成長すると別の生け簀に分養する。ある養殖業者の場合、歯切り回数は1年目が6月と9月、2年目が3月の計3回であり、出荷サイズが700～1,200gである。

1つの生け簀あたり成魚の放養尾数は、以前は3,000尾程度であったが、養殖従事者の減少や投餌の効率化を図るため、最近は2,000～2,500尾に減少した。家族を含む平均従事者数は、以前には5人であったが、人件費を節約するため最近は4人が多い。1日の投餌回数は、以前、早期出荷を目指して投餌量も多くして1日2回であったが、現在は1回に減らした。主な出荷先は、下関・福岡・北九州・徳島・広島の各卸売市場、産地仲買、（株）長崎ファームなどである。

鷹島では、2003年4月にホルマリン使用がマスコミに発覚して、大きな社会

第2章　トラフグの蓄養業と養殖業の生産構造の変化（蓄養殖業編）　77

問題となった。翌5月には長崎県北部海区漁業調整委員会が、ホルマリン使用禁止の委員会指示を出し、また、2006年頃長崎県適正養殖業者認定制度を設けて、安全安心なトラフグ養殖の確立を図った。

　新松浦漁協のトラフグ養殖生産量は、2000年代半ばには600〜800トンで推移したが、2010年と2011年の夏、高水温によりトラフグの大量斃死が発生し、また、その後の価格の低迷により、2012年の鷹島のトラフグ養殖経営体数は19経営体に減少し、その後300〜400トンで推移した。

4．トラフグ養殖の管理（特に長崎県）

　養殖トラフグの需要量は、景気の変動やフグシーズン中の気候の冷え込み状況などにより変動する。また、供給量は、中国産養殖トラフグ輸入量の変化や各県の養殖経営環境の変化、養殖業者の思惑などにより変動するので、需給バランスが崩れやすく、価格の乱高下を招きやすい。

　また、養殖トラフグの価格は、池の中で養殖される在池量が多いことがわかると低下し、少ないと上昇し、前期の越年物が多い場合や冷凍身欠き在庫が豊富な場合にも低下する。

　一般に養殖トラフグの生産原価は、1kgが2,000円台といわれているが、養殖トラフグ（活魚）の平均価格（下関唐戸魚市場統計）は、2013年と2014年には毎月1,000円台に暴落した。これは、トラフグ養殖生産量が2012年には4,179トンで平年並みであったが、2013年には前年10月の東京都フグ条例改正により消費量の増加が期待されたため、4,965トンに増産されたものの実際には消費量が増えず過剰生産になったことによる。また、2014年にもトラフグ養殖の歩留まりと成長が良かったことにより、4,902トンと生産量が多かったため過剰生産になった。

　下関南風泊市場における月平均価格が2年にわたって1,000円台になると、養殖業者は経営を維持することができなくなる。国内のトラフグ養殖業者は価格の暴落を防ぐため、需要に見合った養殖生産を図る必要がある。日本一の養殖生産量を誇る長崎県新松浦漁協では、市場の需給バランスを取り戻すため、

2015年冬季の出荷に向けて、2014年のトラフグ種苗尾数を前年比20％削減した。

　しかし、2015年9月に全国海水養魚協会が行ったトラフグ養殖実態調査によると、全国の2年トラフグと3年トラフグの出荷対象尾数は、前年同期比33％の大幅減少であり、新松浦漁協の削減計画を上回るものであった。2015年に大幅減少になった理由は、種苗尾数の前年比20％削減に加え、低水温やカリグス寄生（カリグス症）などの病気発生により、夏場の歩留まりが悪かったためである。この結果、2015年には養殖トラフグ価格（下関唐戸魚市場統計）が、2月の1,000円台から3月には2,000円台に上昇、6〜10月は3,000円に高騰した。

　養殖トラフグ価格が高騰した場合、従来であれば再び養殖放養尾数を増やすのが通例である。しかし、新松浦漁協では、2016年冬季の出荷に向けて、2015年のトラフグ養殖尾数を前年と同様に20％削減の計画的な生産を行っている。

コラム7：ホルマリン抜きの養殖技術の開発に熊本県が貢献

　熊本県では、1996年トラフグ養殖におけるホルマリン使用禁止の仮処分申請後、ホルマリン抜きで養殖したところ、いろんな病気が発生した。また、ホルマリン使用が社会問題になる直前に、トラフグ養殖に「ヤセ病」という新しい病気が流行り、この病気にはホルマリンが全く効果がないことが明らかになった。このため熊本県では、ホルマリン抜きのトラフグ養殖技術を確立するため、積極的な取り組みを行った。

　1つは、熊本県水産研究センターが1997年にヤセ病の検索技術を確立し、1999年からヤセ病のモニタリングを始めたこと。幸いにして、2003年以降ヤセ病は発症しなくなったが、ヤセ病が発生した海域では、再発を懸念してトラフグ養殖が行われなくなった。

　2つ目は、ゼロ歳魚のトラフグに対する投餌方法を改善したこと。天草市御所浦の養殖業者は、ゼロ歳魚に対して、従来日の出から日没まで、2～3時間の間隔でアミと冷凍魚をミンチにした餌を満腹になるまで与えて、大変な作業であった。しかしその後、餌にEPを用いることにより、飼育作業の省力化とコストの節約を図ることができた。

　3つ目は、エラムシ対策の薬品開発への協力である。熊本県水産研究センターは、(株)片山化学工業研究所が1998年に発売したマリンサワーPS30（薬浴剤）と、明治製菓（株）が2004年に発売したマリンバンテル（経口剤）の開発に向けて、共同研究等により積極的に協力したこと。

　4つ目は、2001年にホルマリン抜きのトラフグ養殖を実現するためのマニュアルを作成したこと。

　5つ目は、2003年10月全国に先駆けて、熊本県独自のトラフグ生産履歴制度（その後、魚種別の熊本県適正養殖業者認証制度）を創設したことである。

第3節　陸上におけるトラフグ養殖業の動向

1．トラフグ陸上養殖の動向

　トラフグの養殖形態は、当初海面生け簀だけであったが、1998年頃からヒラメ用水槽を用いた、掛け流し方式による陸上養殖が開始された。その後、水深の浅いヒラメ用水槽から水深の深いトラフグ用水槽への改造や、液体酸素の導入、トラフグ専用養殖場の建設もあって、陸上養殖によるトラフグ生産量が増加した。トラフグ陸上養殖経営体数は、2008年が33経営体（掛け流し方式が26経営体、循環ろ過方式が7経営体）であり、2011年には45経営体（掛け流し方式が36経営体、循環ろ過方式が9経営体）であった[7]。

　陸上養殖だけのトラフグ生産量を示す統計はないが、国内のトラフグ養殖生産量に占める陸上養殖の比率は、1割程度と推測される。陸上養殖により生産されるトラフグは、海面養殖のトラフグに比べて、かつて肉質が柔らかくて水っぽい、すれに弱い、体色が黄緑色で濃さが足りない、異臭がするなど、さんざんな評価であったが、その後身質を改善して評価が高まった。

　海面養殖では水温が高い真夏になると、斃死を防ぐために投餌を控えるので成長が遅れる。一方陸上養殖では、岸近くの海底に取水口を設置して大量の用水を得る掛け流し方式の場合、夏季の底層水温が表層水温よりも低いので、真夏でも比較的安心して投餌ができる。トラフグを1.5年間飼育すると、海面養殖では1kgに成長するが、陸上養殖では当初、800g程度にしかならなかった。しかし陸上養殖では、液体酸素を活用することによって、海面養殖と同様12月に1kgに成長させることができるようになり、その後の技術の改良により、9〜10月に1kgサイズを出荷できるようになった。

　陸上養殖はトラフグを管理しやすいので、生残率が海面養殖より高い。また、出荷量が少ないため価格が高くなる9〜10月に、1kgサイズの陸上養殖物を出荷すると、海面養殖のトラフグよりも高い価格で販売できる。このため陸上養殖は、海面養殖に比べて余分にかかるコスト（減価償却費・電気代・液体酸素

第2章　トラフグの蓄養業と養殖業の生産構造の変化（蓄養殖業編）　81

代等）を吸収することができる。

　また、陸上養殖は環境条件を一定にコントロールすることによって、毎年、同じ身質のトラフグを生産でき、白子を大きくすることができる。このことを評価して、ある大手料理チェーン店は、特定の陸上養殖業者から毎年数万尾単位の陸上養殖フグを購入している。

　しかし、全ての流通業者・料理店関係者が、陸上養殖フグを海面養殖フグよりも高く評価しているわけではない。流通業者に対する聞き取り調査によると、個々の流通業者によって好みがあり、陸上と海面の評価は半々である。卸売市場では、同じ時期に出荷される陸上養殖と海面養殖のトラフグは、同じ価格で扱われるところが多いようだ。

　現在の陸上養殖は、①沿岸海水を利用したトラフグ専用（掛け流し方式）、②沿岸海水を利用したトラフグ・ヒラメ兼用（掛け流し方式）、③地下海水を利用したトラフグ専用（部分的な掛け流し方式）、④循環ろ過方式のトラフグ専用（海水の再利用）のタイプがある。水槽の水深は、ヒラメ用が40cm程度であるのに対し、フグ用は60〜100cmと深い。

　①沿岸海水を利用したトラフグ専用陸上養殖は、2000年頃から行われ、熊本県、長崎県、佐賀県などで数経営体がみられる。熊本県の陸上養殖では、液体酸素に成長促進効果のあることがわかったため、2007年に複数の経営体がクルマエビ養殖からトラフグ養殖へ転換した。

　②沿岸海水を利用したトラフグ・ヒラメ兼用陸上養殖は、大分県や愛媛県などで行われ、大分県の方がトラフグ生産量が多い。ヒラメの養殖生産量は面積に比例するが、トラフグは容積に比例する。ヒラメ用に設計された水槽は、トラフグには浅すぎるので、トラフグ用に水深を深くする。大分県のトラフグ養殖経営体数は、2011年の1経営体から2013年には25経営体に急増した。大分県のトラフグ養殖生産量は、2007年の78トンが2012年には220トンに増え、また、2012年の東京都フグ条例改正による消費量の増加を見込んで、2013年には410トンに増産した。しかし、養殖業者の期待に反して、都内でのトラフグ消費量が増えなかったため、大分県のトラフグ養殖は生産過剰に陥り、トラフグ価格

が大幅に低下したことから、翌2014年には242トンに減産した。

③地下海水を利用したトラフグ専用陸上施設は、2003年に長崎県松浦市の松浦水産（株）が、80トン水槽38基（水槽の深さが90cm）を用いて養殖を開始した。長崎県松浦市の「松浦共同陸上魚類」は、2006年から120トン水槽58基（水槽の深さが140cm）により養殖を行い、2012年には1.0〜1.78kg（平均1.45kg）のトラフグを年間8万尾出荷した。地下海水を利用するトラフグ専用陸上養殖は水温がほぼ一定であり、夏期の水温は沿岸海水の水温よりも低く、海面養殖であれば投餌を控える真夏でも安心して投餌ができる。

④循環ろ過方式のトラフグ専用陸上施設は、2000年代後半全国的にみられたが、高価な設備の償却と電気代による高コスト体質であり、養殖トラフグ価格が2,000〜3,000円に低下すると経営が困難に陥り、多くの養殖施設が撤退に追い込まれた。そのような中、海なし県の栃木県那珂川町では、2008年から廃校の小学校を利用して、温泉水を利用した循環ろ過方式のトラフグ陸上養殖が行われている。那賀川町では、温泉水を利用するため約1年で出荷サイズ（800g〜1kg）に生育でき、温泉トラフグを地元の温泉旅館や料理店へ出荷している。那珂川町は温泉地なのでトラフグを観光地価格で販売できるので、経営が維持されている。

表2－1に、海面養殖と沿岸海水を利用したトラフグ・ヒラメ兼用陸上養殖、地下海水を利用したトラフグ専用陸上養殖の養殖特性を比較した。1立米あたりの養殖尾数や出荷期間は、トラフグ専用陸上施設、トラフグ・ヒラメ兼用陸上施設、海面施設の順に有利である。

第2章　トラフグの蓄養業と養殖業の生産構造の変化（蓄養殖業編）　83

表2-1　海面と陸上におけるトラフグ養殖施設別養殖特性の比較

養殖施設の区分	海面施設	沿岸海水を利用したトラフグ・ヒラメ兼用陸上施設	地下海水を利用したトラフグ専用陸上施設
調査対象県名	長崎県	大分県	長崎県
養殖形態	トラフグ主体養殖	複数魚種養殖	トラフグ単独養殖
トラフグ養殖の開始時期	1985年頃	2007年頃	2003年頃
養殖施設の標準サイズ（浸水部分）	10m×10m×5mの角型生け簀	8m×8m×0.8mの多角形水槽	10m×10m×1.2mの多角形水槽
利用する海水	沿岸海水	沿岸海水	地下海水
1日の換水率	―	15回	8回〜10回
機器を用いた酸素供給の状況	なし	液体酸素の使用	液体酸素の使用
経営体あたりの養殖尾数	5万3,000尾	1万7,000尾	5万尾
1立米あたり養殖尾数（出荷前サイズ）	6尾	16尾	32尾
投餌の状況	長崎県では高水温期に投餌できないので、陸上養殖よりも成育が遅い。	大分県では長崎県より水温が低く低水温期に投餌ができない。	長崎県では高水温期に地下水により水温を下げて投餌ができるので、成長が最も良い。
生残率	80%	70%	90%
出荷サイズ	約1kg	0.8〜1.2kg	1.0〜1.8kg
出荷期間	10月〜翌3月	9月〜翌3月	8月〜翌3月

注：2013年聞き取り調査

2. 主要産地（大分県佐伯市）におけるトラフグ養殖業の動向

　陸上養殖では、沿岸海水を利用したトラフグ・ヒラメ兼用陸上養殖によるトラフグ生産量が多い、大分県佐伯市下入津の事例を紹介する。

　大分県は2001年に陸上養殖によるヒラメ生産量が日本一になったが、2002年急激な円高ウォン安により、韓国産養殖ヒラメが日本へ大量に輸入されて、国内の養殖ヒラメ価格が大幅に下落したため、大分県ヒラメ養殖業者の撤退が相次いだ。その後、クドア症がヒラメの食中毒に認定されて風評被害により、養殖ヒラメの消費量が減少した。

　下入津では、2007年と2008年に、ある1経営体がヒラメの他にトラフグの養殖を始めると、その後も、ヒラメの他にトラフグを養殖する陸上養殖経営体が増えた。下入津の陸上養殖では、8月下旬のトラフグが800gに生育し、出荷

量は11月、12月、9月、10月の順に多い。

　2012年になって、ヒラメの新型連鎖球菌のワクチンが販売され（マツケン薬品が製造元、共立製薬が販売元）、ヒラメ養殖の斃死率が減少したことと、円安ウォン高により国内における韓国産養殖ヒラメの価格が国産ヒラメに比べて相対的に高くなり、ヒラメ養殖経営の環境が改善した。このような中下入津では、引き続きトラフグとヒラメの両方を養殖する経営体が多い。

コラム8：浜のかあさんと語ろう会

　海の幸に感謝する会「ウーマンズフォーラム魚（WWF）」は、海と魚を通して「食」「環境」「産業」「文化」を考え行動しようという市民レベルの会である。WWFは1993年5月に発足し、全国に約1,000人の会員がおり、米国、欧州、南米、アフリカ、アジア各地からも参加している。

　WWFの活動の1つ「浜のかあさんと語ろう会」は、美味しく安全な魚をこれからも食べたい都会の生活者と、社会の変化に押されて厳しい経営状況の中で魚を獲る漁業者が一緒に語り合うため、1996年秋からスタートし、2016年2月で112回を数える。

　このうち第20回の「浜のかあさんと語ろう会」は、「フグ」をテーマに著者も参加。第20回は2001年1月27日（土）に、東京都世田谷区立船橋中学校（家庭科教室）で中学生や父兄ら100人が参加して開催された。

　講師として、山口県阿武町奈古から松浦博・政子夫妻が出席。松浦博氏はフグ延縄漁船（富海江丸、49トン）の船長であり、松浦政子さんは奈古漁協婦人部長であった。著者は松浦博氏の甥である。下関唐戸魚市場（株）から提供されたシロサバフグを使って、フグのみそ汁と唐揚げを調理し試食会を行った。

　東京都民の記憶からは消えようとしているが、東京の庶民はかつてマフグやショウサイフグの雑炊や鍋料理を食しており、東京にはフグを食べる慣習があった。フグの魚食普及を通して、東京におけるフグ消費が増えることを期待したい。

第2章　トラフグの蓄養業と養殖業の生産構造の変化（蓄養殖業編）　85

第4節　韓国・中国におけるトラフグの生産と消費の動向

1．韓国におけるトラフグの生産と消費の動向

　1970年頃になると、大阪ではトラフグの需要量が増加したが、下関唐戸市場における天然トラフグ取扱量（外海と内海の合計）は200～300トン程度で少なく、また、これまで備讃瀬戸に産卵にくる親魚を大量に漁獲していた岡山県下津井でも、漁獲量が減少した。このため、大阪の流通業者が中心になって、天然トラフグを海外から輸入する動きがでてきた。

　大阪の流通業者は、まず1970年頃、韓半島の南岸や東岸で韓国フグ延縄漁船が漁獲したトラフグを輸入する計画を立てた。しかし、この当時の韓国では、漁船の氷が不足し、漁港の冷凍冷蔵庫が未整備であり、輸入された冷凍フグの品質が悪かったため、1977年には大阪のフグ流通業者（浜藤）が大きな損失を受ける事態に至った。その後、韓国において漁労技術の向上や冷凍冷蔵庫の整備が図られると、韓国の輸出業者が自ら天然フグを日本へ輸出したが、量的には少ないまま現在に至っている。

　大阪の流通業者は、1980年頃中国遼寧省海域に日本漁船を入漁させて天然トラフグを漁獲しようとした。また、長崎県の漁業者が、1981年頃北朝鮮の黄海北部海域で天然トラフグを漁獲しようとした。しかし、これらの計画はいずれもうまくいかなかった。

　このため、トラフグの輸入は天然物から養殖物にシフトしていった。養殖トラフグの輸入は、最初、韓国で計画された。韓国は日本へトラフグを輸出するため、1980年代後半にトラフグ養殖を開始したが、韓半島の冬季水温が10度以下と低すぎて養殖に不適なことが判明したため、1990年代初頭に養殖が中止された。その後2000年代になって、済州道の2～3社の陸上養殖業者が、ヒラメの代替としてトラフグを養殖し、9月と10月に1kg以上サイズで品質の良いフグを日本へ輸出しているが、量的にはあまり多くない。現在の養殖トラフグの輸入は中国産が圧倒的に多い。

韓国におけるフグ食は、大正年間に日本から輸入されたとみられていたが、済州道の記録によればそれ以前から存在していた。韓国は、近年、世界各国から多様なフグを輸入し、フグ食の普及が目覚ましい。韓国のフグ食は外国産輸入フグによるとみられる。特に最近は中国産養殖トラフグ・メフグ・サンサイフグ等の輸入が顕著である[8]。また、韓国フグ市場の消費量は年間1万トンに及んでいる。そのうち、7,000トンは輸入であり、輸入量の90％は中国からである。フグは「味覚の王様」といわれているが、現在は一部の地域でしか消費されていない[9]。

中国から韓国への養殖トラフグ輸出量は、2004～2006年には約1,000トンであったが、リーマンショック後の2011～2015年には500トン程度と推定される。

2. 中国におけるトラフグ養殖生産の動向

中国におけるトラフグ養殖は、当初、浙江省や福建省で行われたが成功せず[10],[11],[12]、その後、中国東北部において盛んに行われるようになった。中国東北部の3省（遼寧省、河北省、山東省）では、かつて、タイショウエビ養殖が盛んに行われたが、ウイルス病被害により衰退した。それに代わる養殖として、1994年頃試験的に種苗生産用の受精卵を日本から導入してトラフグ養殖が始まり、1995年頃廃止されたエビ養殖池を利用した粗放式トラフグ養殖が行われると、コストが安いために生産量が飛躍的に拡大した。

中国の粗放式トラフグ養殖は、日本の集約式養殖とは全く異なり、低密度で半年間育成する。陸上池1ムー（1ムーの面積は667m^2、池の深さ2m）あたり、250gサイズのトラフグを50～100尾、小型タイショウエビ3,000～5,000尾を混養する。昼に雑魚・雑エビを餌としてトラフグに与え、その食べ残しを夜タイショウエビが食べる[13]。

10月末～11月上旬になると、越冬のためトラフグを室内水槽へ移動し、翌年4月まで養成する。そして、5月から再び陸上池に放養して年末に出荷する。中国東北部の養殖地域では、マイナス10度以下に下がり越冬が困難であるため、有力なトラフグ養殖企業は、加温・循環式の陸上越冬施設を整備する。1つの

第2章　トラフグの蓄養業と養殖業の生産構造の変化（蓄養殖業編）　87

企業が、年間1,000トン以上の養殖トラフグを生産する能力を有するところもみられる。中国の粗放式トラフグ養殖は、噛み合いがないので歯切り作業が不要であり、病気の発生が少なく投餌量が少ないため、日本の集約式養殖と異なり人手をあまり必要としない。

「みなと新聞」によると、中国のトラフグ養殖生産量は、1999年が約300トン、2000年が約1,300トン、2001年が2,000トンであったが、その後、陸上越冬施設を整備したため、2004〜2006年には4,000トンに増加した。

しかし、2006年に日本政府は、日本が基準を設定していない農薬等が一定以上含まれる食品の流通を原則禁止する、ポジティブリスト制度を導入し、中国産トラフグに対する規制措置を講じたことから、日本向けの輸出が大幅に減少した。このため、中国はトラフグ養殖生産量を2008年には2,500トンに削減し、2008年秋リーマンショック発生後[14]、日本と韓国のトラフグ消費意欲が減退すると、2010〜2015年には1,000トン台に減産した。

中国産養殖トラフグの日本への輸入量は、把握できる統計が見あたらないので、新聞情報等を交えて述べる。中国が日本へ輸出する養殖トラフグの平均サイズは、1999年まで500〜600gが主体であったが、2000年には養殖技術が向上して600〜700gに大型化した[15]。中国から日本への養殖トラフグ輸出量は、2000年には1,000トン、2004〜2006年が1,500トン程度と多かったが、リーマンショック後の2011〜2015年には200〜300トン程度と推定される。

3．中国におけるフグ消費の動向

中国では、1990年に施行した「水産品衛生管理法」により、フグ食が禁止された。そして1995年から、特別に許可を受けたレストランを中心に食用に供されている。2005年当時、中国では約50の都市にフグ料理店があった。

一方現在の中国では、年間約7,000トンものメフグが闇市場で流通しているため、「フグ食の禁止」は有名無実であり、管理制度を整備させた上で、条件付きでフグ食を解禁した方が良いという意見もある[16]。

2016年になって、中国ではフグ食解禁にむけて新たな動きがでてきた。中国

農業部（省）は、同年3月、養殖フグの中国国内市場開放を目指し、養殖場の登録管理制度を導入すると発表した。また同年4月、中国農業部が認証するトレーサビリティ（履歴追跡）が可能な中国国内の企業が養殖・加工するトラフグとメフグに限って、フグ食を解禁することを決めたため、正式なフグ食解禁が間近になった。フグ食市場解禁は、全面的な開放ではなく、魚種と流通形態を絞り、厳格化して安全を担保する。流通を認可するのは20年以上の実績がある加工済みの養殖のトラフグとメフグに限定される[16]。

　フグ食が解禁されると、中国国内の消費需要が高まり、国内相場が輸出相場より上昇することにより、中国トラフグ産業は輸出向けから国内市場向けにシフトすることが予想される。中国のトラフグ養殖業者は、市場開放で中国国内の販売先が拡大すれば、中国の国内消費は今後500トンまで広がる可能性があると期待を寄せる。

　なお、中国では、海産性のトラフグの他に、淡水性のメフグなどが養殖されている。長江流域の淡水性のメフグはかなり昔から食されて、漢詩にもよく詠われ、豚肉のように美味しいことから、「河豚」と名付けられた。メフグは、ほとんどが中国国内で消費され、完全な中華料理方式により食されており、養殖生産量が1万トン以上である。

コラム9：日中韓3か国の養殖フグ・シンポジウム

　日本と中国の養殖トラフグにかかわる民間レベル交流会議は、下関ふく連盟と大連市水産局が中心になって行われた。第1回日中養殖フグ・シンポジウム（中国大連市水産局主催）が大連にて2000年3月に開催。第2回日中養殖フグ・シンポジウムが下関にて2001年4月に開催された。

　第1回と第2回のシンポジウムにおいて、日本側は中国国内におけるフグ需要の開拓や、中国産養殖トラフグの魚体の異臭問題などを取り上げた。魚体の異臭問題（1999年秋に多発）は養殖環境の劣化や餌の質などが要因であり、その後改善された。また、中国国内におけるトラフグ需要を開拓するため、2001年9月に下関ふく連盟と中国有力フグ養殖公司代表の共催により、大連市にて「日本河豚魚食文化紹介会」を開催した。日本のフグ料理を試食してもらうとともに、その料理の仕方を伝授する内容であり、参加した現地の料理人たちは、フグ料理、とりわけ、唐揚げや鍋に対して強い関心を持った。

　第3回日中韓養殖フグ・シンポジウムから韓国が参加して、大連にて2002年8月に開催。第4回日中韓養殖フグ・シンポジウムが下関にて2004年5月に開催。第5回日中韓養殖フグ・シンポジウムが大連庄河市にて2005年7月開催された。これらのシンポジウムでは、学術交流と産業交流の両方が行われた。

　第3回以降のシンポジウムでは、日本側はホルマリン使用問題から食の安全安心がテーマとなり、日中間で生産履歴の一元化をよびかけた経緯がある。中国側は、日本への輸出量の増加に伴い、中国産養殖トラフグの商品や取り組みに自信を深め、新たな市場開拓を念頭に、品質面での優位性の訴求や量販型の開発加工を模索した。

第5節　国内トラフグ養殖経営体の動向

1．国産養殖トラフグ価格の動向

　2000年代になって安価な中国産養殖トラフグが大量に輸入されたため、日本のトラフグ養殖業者は大きな影響を受けた。この結果、日本国内のトラフグ養殖生産量は、1996～2002年までは5,000トン台の年が多かったが、2003年以降4,000トン台に減少した。

　日本が輸入する中国産養殖トラフグは、当初、中国現地で締めた冷蔵物が主体であったが、2003年から活魚による輸入が急増し品質も向上した。このため国産養殖トラフグは、中国産に対し品質面での優位性を保つことができなくなり、直接競合するようになった。

　下関唐戸魚市場統計により、国産養殖トラフグ（活魚）の年別月別価格（1kgあたり）の推移（表2-2）を示した。1999年までは3,000円台の月が多く、5,000円台以上の月もみられたが、2000～2006年には中国産養殖トラフグ輸入量の増加により、2,000円台と1,000円台の月が多くなった。2007年に日本国内で相次ぐ中国産食品問題の発生により、中国産品が敬遠されるようになると、国産養殖トラフグは中国産とは別物になり、2008年1月以降3,000円台や4,000円台に上昇した。

　しかし、2008年秋のリーマンショックは、会社の交際費や福利厚生補助金の節減により、トラフグ消費を縮小させた。このため、国産養殖トラフグの価格は、2009年と2010年には1,000円台や2,000円台の月が多かったが、その後景気の回復により2010年秋から2012年冬までは2,000円台に回復した。

　また、2012年秋の東京都フグ条例改正により消費拡大が期待され、全国のトラフグ養殖生産量が2013年には前年に比べて800トン増産されたが、消費が拡大せず生産過剰に陥り価格が暴落した。その結果、国産養殖トラフグの価格は、2013年と2014年の2年間はすべての月が1,000円台で推移した。しかし、この間の安値により養殖トラフグが予想以上に多く消費されたことと、養殖業者の

表2－2 国産養殖トラフグ（活魚）の年別月別価格の推移

（単位：千円）

西暦年	1月	2月	3月	4月	5月	6月	7月	8月	9月	10月	11月	12月	6,000円台の月数	5,000円台の月数	4,000円台の月数	3,000円台の月数	2,000円台の月数	1,000円台の月数
1990年	5	4	3	3	2	3	3	4	5	5	5	5		5	2	4	1	
1991年	5	5	5	4	3	4	1	2	4	1	4	4		3	5	1	1	2
1992年	4	4	3	3	2	2	2	2	3	2	2	3			2	4	6	
1993年	3	3	3	2	2	2	2	5	2	3	3	3				6	6	
1994年	3	5	5	4	4	5	5	5	5	5	6	6	2	7	2	1		
1995年	5	5	4	3	2	2	2	2	3	3	3	3		2	1	5	4	2
1996年	3	3	3	2	2	1	1	3	3	3	3	3				8	2	2
1997年	4	3	3	2	2	2	2	2	3	3	2	3			1	6	4	1
1998年	3	3	2	2	2	1	1	2	2	2	2	3				3	7	2
1999年	3	5	4	3	3	3	3	3	5	4	3	4		3	3	6		
2000年	4	3	2	2	2	1	1	2	2	2	2	2			1	1	7	3
2001年	2	2	2	2	2	2	2	1	2	2	2	2					6	6
2002年	2	2	2	2	2	2	2	2	2	2	2	2					12	
2003年	2	2	2	2	2	3	3	2	2	2	2	3				2	10	
2004年	2	2	2	2	2	2	2	2	2	2	2	2					9	3
2005年	2	1	2	2	2	2	2	2	2	2	2	2					8	4
2006年	1	1	1	2	2	2	2	2	2	2	2	1					3	9
2007年	1	1	1	4	2	2	3	3	2	3	2	2					6	6
2008年	2	3	3	2	2	2	3	3	2	1	2	2			1	8	3	11
2009年	2	1	1	1	1	3	2	1	1	1	1	1				1	1	8
2010年	1	1	1	2	2	2	2	4	2	2	2	2					4	1
2011年	2	2	1	2	2	2	2	2	2	1	2	2					11	2
2012年	2	2	2	1	1	1	1	2	2	2	2	2					10	1
2013年	1	1	1	1	1	3	3	3	3	2	1	1						12
2014年	1	1	1	1	2	3	3	3	3	2	1	1						12
2015年	2	2	2	2	2	3	3	3	3	3	2	2				5	5	2

資料：下関唐戸魚市場統計

注：100円の位は切り捨て

生産意欲の減退による生産量の減少により在庫が底をついたため、2015年3月から一転養殖トラフグが足りなくなり2,000円台に、同年6〜10月には3,000円台に上昇した。

2．養殖トラフグの価格と経営体数の動向

　国内の養殖トラフグ価格の変動が、トラフグ養殖経営体数に与えた影響をみるため、全国トラフグ養殖経営体数と養殖トラフグ価格の推移（図2-3）を示した。養殖トラフグ価格が3,000円台以上を高価格、2,000円台を中価格、1,000円台を低価格とすると、大体において1995〜1999年が高価格期、2000〜2012年が中価格期、2013〜2014年が低価格期、2015年が中価格期となる。

　1995〜2015年の間に、前年に比べて全国トラフグ養殖経営体数の大幅な減少

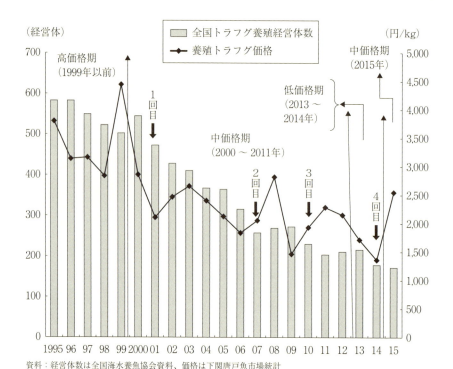

資料：経営体数は全国海水養魚協会資料、価格は下関唐戸魚市場統計

図2-3　全国トラフグ養殖経営体数と養殖トラフグ価格の推移

が4回みられた。1回目（2000年→2001年）は高価格期から中価格期への移行直後であり、経営体数が2000年の544経営体から2001年の472経営体に減少した（減少率が23%）。全国海水養魚協会・トラフグ養殖部会関係7県のうち、海面養殖が主体の6県（大分県を除く）の経営体数の動向をみると、香川県、愛媛県、熊本県では経営体数の減少率が大きい（図2-2）。これら3県のトラフグ養殖経営体は、ハマチ、マダイなど複数魚種の養殖を行っており、トラフグ価格の低下をきっかけにトラフグ養殖を中止したためと思われる。

2回目（2006年→2007年）は中価格期において、経営体数が2006年の315経営体から2007年の258経営体に減少した（減少率が18%）。2004～2006年には中国産養殖トラフグが大量輸入されて、国内の養殖トラフグ価格が低下した。2006年は1,000円台に暴落した月が9か月もあり、長崎県の経営体数が大きく減少した。

3回目（2009年→2010年）も中価格期において、経営体数が2009年の272経営体から2010年の230経営体に減少した（減少率が15%）。養殖トラフグ価格が1,000円台になり採算が合わなくなり、全国的に経営体数が減少した。2008年秋のリーマンショックによりフグ消費が減退したにもかかわらず、2009年の国内養殖生産量は前年よりも500トン増加したため、2009年にはトラフグ価格が11か月間1,000円台で推移した。

4回目（2013年→2014年）は低価格期において、東京都フグ条例改正に伴い、2013年には前年よりも大幅に増産して生産過剰に陥り、2013年と2014年はすべての月が1,000円台に暴落した。このため、2013年の216経営体から2014年の179経営体に減少した（減少率が17%）。一方、2015年には供給量の減少により価格が2,000円台、3,000円台に上昇したため、全国の経営体数が171経営体で前年並みに推移した。

3．トラフグ養殖業の存続条件の検討

　養殖のブリ類やマダイは、カンパチやヒラメなど他の魚種の身質と類似しているので、供給量が少ない場合には他の魚種で代替させることができる。一方、

養殖トラフグは他魚種に身質の類似なものがなく、代替魚種がいないので、需要量自体は別の要因が発生しない限りあまり変動しない。このため養殖トラフグは、少し供給過剰になると価格が大きく下がり、少し供給不足になると価格が上昇する傾向にある。

　このことから、トラフグ養殖を安定的に営むための存続条件は、毎年の需要量を予測して、過剰供給や供給不足に陥らないように、計画的な生産を行うことである。長崎県内でトラフグ養殖生産量が一番多い新松浦漁協では、2014年春に個々の養殖業者が自主的に放養種苗尾数を前年比20％削減した。2015年春も前年と同様、20％削減した。

コラム10：トラフグ PR 大使・下松翔

　トラフグの消費拡大を願う「いいふぐの歌」が2015年に完成した。「いいふぐの歌」は、下松翔さんが作詞を手がけ、「ギュギュ＆おちょぼ口」と自ら踊りながら歌う。この歌は老若男女を問わず聞きやすく、一度聞くと頭の中から離れない曲調で、聞いた日には思わずトラフグを食べたくなること間違いない。

　下松翔さんは、2014年に（一社）全国海水養魚協会・トラフグ養殖部会から「トラフグ大使」に任命された。翔さんのお父さんは、長崎県松浦市鷹島でトラフグ養殖を営んでおられる下松哲さん。現在、全国海水養魚協会・トラフグ養殖部会の副会長、長崎県トラフグ養殖連絡協議会長の要職にある。

　下松翔さんは25歳の誕生日である2016年4月16日、都内で初めての「ワンマンライブ」を行い、著者もチケットを購入した。この日は、築地市場で最後の予定となるフグ供養祭（第61回）が開催された日でもあり、下松翔さんとトラフグの因縁の深さを感じた。

注

1 ）藤田矢郎「日本産主要フグ類の生活史と養殖に関する研究」『長崎水試論文集』第 2 集、121pp.、1962年。

2 ）水産養殖ハンドブック編集委員会「フグ」『水産養殖ハンドブック』水産社、pp.290 - 300、1969年。

3 ）藤田、前掲書。

4 ）藤田、前掲書。

5 ）エクストルーダーディット・ペレットの略。高湿・高圧・高水分下でエクストルーダーという食品製造器で成型し乾燥したもの。EP の使用により、配合飼料単独での育成が可能になった魚種も多く、海産魚の配合飼料普及が広まった。

6 ）1981年 FDA （米国食品医務局）がホルマリン（ホルムアルデヒド）の発ガン性を公表した。同年の日本の旧厚生省はホルマリンの安全指針値を0.08ppm とした。水産庁も1981年以降ホルマリンの使用禁止の通達を1997年12月までに 5 回出した。

7 ）田嶋猛「陸上養殖業によるトラフグ養殖熱の変遷」『アクアネット』12月号、湊文社、pp.24 - 27、2011年。

8 ）多部田修「日中韓の 3 か国におけるフグ食の比較」『第 5 回日中韓養殖フグ・シンポジウム』pp.15、2005年。

9 ）金松原「韓国フグの消費市場の現状と展望について」『第 5 回日中韓養殖フグ・シンポジウム』pp.21、2005年。

10）田嶋猛「日本、韓国、中国のヒラメ、トラフグ陸上養殖について」『かん水』 3 月号、全国海水養魚協会、pp.8 - 13、2007年。

11）「中国福建省寧徳地区のカンパチ・トラフグ養成」『かん水』 5 月号、全国海水養魚協会、pp.3 - 7 、2005年。中国福建省寧徳地区の調査団には、団員として、著者の他に、中山一郎中央水産研究所遺伝子解析センター長（現在、中央水産研究所所長）、渡辺終五東京大学教授、松村久唐戸魚市場（株）社長、中平博史氏（現在、全国海水養魚協会専務）らが同行。福建省沿岸は海面水温が10度を下回ることが多く、その後、同地区のトラフグは低水温により斃死したようだ。

12）著者が水産庁国際課課長補佐（東アジア担当）に在職中の1994年 3 月、中国で開催された第18回日中漁業共同委員会（旧日中漁業協定に基づく）に出席時、浙江省海洋水産研究所にて、人工種苗生産されたトラフグを見学した。

13）孟雪松「安全安心なる養殖フグを消費者に提供するための日中韓 3 国共同に努力しよう」『第 4 回日中韓養殖フグ・シンポジウム』pp.20～26、2004年。

14）米国大手銀行（リーマンブラザーズ）の2008年 9 月の経営破綻と、それを原因とする世界同時不況をいう。

15）「急増する輸入トラフグと今後の行方」『養殖』 2 月号、緑書房、pp.68 - 70、2001年。

16）曽雅・任同軍「中国におけるフグ類養殖とフグ食解禁による流通への影響」『養殖ビジネス』 9 月号、緑書房、pp.20 - 22、2016年。

17）みなと新聞（2016年 4 月26日）。

第3章　フグ流通構造の変化（流通編）

第1節　主要産地市場におけるトラフグ流通構造の変化

　トラフグの漁獲量が増え始めた1950年代には、トラフグを漁獲する地区が少なく、フグの毒性に関する知識があまりなかったことから、トラフグを扱う産地市場が少なかった。フグの毒性は、フグの種類や部位（臓器等）、漁獲海域により大きく異なる他、個体差があり、同じ種類、同時期、同海域で獲れたフグであっても毒力に大きな差がある。

　フグ漁場の拡大、フグ流通・消費の拡大、輸入品の増加等の実態を踏まえて、1983年に旧厚生省が「フグの衛生確保について」を通達した。この通達により、日本近海産フグの鑑別法と毒性が明らかにされ、全国レベルで食用対象種の統一が図られ、可食が認められる22種類のフグが定められて、フグに関する知識が普及した。フグの鑑別には、多部田修水産大学校助教授（その後、長崎大学水産学部長）と阿部宗明築地市場おさかなセンター資料館館長らが尽力された。なお、日本近海のフグ類は、分類学上フグ科の中に、トラフグ属、サバフグ属、センニンフグ属など8つの属がある。トラフグ属の中には、トラフグ、カラスフグ、マフグ、シマフグ、ショウサイフグ、ゴマフグ、メフグなどの20種があり、サバフグ属には、シロサバフグ、クロサバフグなど5種がある[1]。

　1990年代になるとフグの漁場が、太平洋中海域や日本海北部にも拡大した。ここでは、2つのトラフグ系群別の代表的な産地市場であり、1950年代からトラフグの取扱量が多かった山口県下関市と三重県鳥羽市（その後、志摩市安乗へ市場が移動）におけるトラフグ流通の変化を述べる。

1. 山口県下関市におけるトラフグ流通の変化

（1） 下関市におけるトラフグの市場・流通・加工・消費の動向

　下関唐戸魚市場（株）は、水産物統制が撤廃された1950年に開設され、当初は唐戸市場でフグのセリが行われた。開設当初から1960年代前半までは、山口県周南市粭島、大分県の姫島、愛媛県の伊方町三崎など、瀬戸内海産のトラフグが主に扱われた。瀬戸内海で水揚げされた活トラフグは、船で下関へ持って行くまでの間、船内の活け間で揉まれて身が締まり、ちょうど良い身質になるので、これにより「下関フグ」という名がついた。

　また、1965年頃から黄海・東シナ海のフグ漁場が開発されると、山口県萩市越ヶ浜の延縄漁船が漁獲したフグの取扱量が急増した。唐戸市場は、船舶の往来が激しい関門海峡に面し魚市場の港内が狭いため、黄海・東シナ海に出漁する大型船が同時に多数係船すると手狭になり、フグの陸揚げ作業が危険になった。このため、唐戸市場へ入港せず、福岡市や長崎市などの市場に入港するフグ延縄漁船が増えた。

　このため、下関唐戸魚市場（株）の小野英雄元社長（当時、常務）が起死回生をかけて、フグ一元集荷を合言葉に、フグ市場を1974年11月に下関唐戸地区の唐戸市場から、響灘を望む下関市彦島南風泊地区の南風泊市場へ移転した。

　こうして、全国で唯一のフグ専門卸売市場である南風泊市場が開設された。南風泊市場の後背地は総面積12万3,000m²の水産加工団地を擁し、下関南風泊水産団地協同組合には約40社が加盟し、フグ身欠き加工場やフグ加工製品の工場などが整備された。水揚げされたフグはセリにかけ、仲買人がすぐに加工場で処理・出荷できるように、市場と仲買団地を併設することにより、フグの一元集荷体制づくりが大きな成果をあげた。

　1950年代〜1960年代前半の生鮮トラフグは、木製魚箱（約25kg入）に入れて氷冷蔵したものが出荷された。この当時はフグの魚体から血を抜く技術がなかったので、筋肉中に血液が回って品質が悪かったが、カラスフグが増加した1964年頃から活フグの頭部をノミでコンと打って神経を切り、血抜きするようになった。これがトラフグの鮮度を保つ「活け締め技術」であり、活け締めさ

れたフグは、当初、木箱に入れて出荷されたが、その後、ロウ引きの段ボール箱に少し氷を入れて出荷されるようになった。

大阪へのトラフグ出荷は、1975年頃には福岡空港から航空便で活魚を送っていたが、その後高速道路網の整備により活魚車の使用が多くなった。また、1980年代半ばに活魚ブームになると、トラフグは活け締めよりも活魚による出荷の方が好まれるようになった。

一方、東京へのトラフグ出荷は大阪とは異なり、身欠きフグ（有毒部位を確実に除去した一次加工品）が圧倒的に多い。身欠きフグは、厚さが10数 cm のロウ引きの段ボール箱の中に入れ、3箱くらいに重ねて出荷した。身欠き作業は以前、1人の作業員が原魚から身欠きまでを行っていたが、1960年代半ばにカラスフグが大量に漁獲されるようになると、身欠きフグを量産化するため流れ作業に転換した。

下関南風泊市場は、フグの目利き力の確保と基準作りで存在感を示している。フグ仲買人の「目利き力」とは、フグ入荷情報を頭に入れ、目の前のフグの品質を見極め、顧客からの注文に配慮し、消費地市場のフグ需給動向を頭に入れて、入力を行う能力である[2]。

南風泊市場では、初めて入荷した養殖トラフグの品質を見極めるため、最初、サンプルとして捌いてみんなに見せる。そして、みんなが色やつや、身質をチェックして納得し評価が決まる。養殖トラフグは養殖場単位で味の深み、歯ごたえ、食感が異なる。また、天然トラフグは個体ごとに身質が異なるので、養殖トラフグよりもさらにキメの細かい目利き能力が求められる。

南風泊市場が午前3時半頃から行うセリでは、荷捌所の床の青いビニールシートの上で、船別・種類別・サイズ別に活フグが次々と1箱約20kg魚箱の中に仕分けされる。袋セリにより競り落とされたフグは、仲買用活魚水槽に入れられ、一部が身欠き加工へ回される。

養殖トラフグは、天然トラフグよりも活魚水槽で長く活きることができる。1985年頃から活魚ブームが起こり、ちょうどこの時期からトラフグ養殖生産量が増加した。全国のトラフグ養殖生産量は、1984年の461トンから1985年が750

トン、1988年には1,150トンになった。活魚ブームと養殖トラフグ生産量の増加のタイミングがうまく一致し、1988年南風泊市場に陸上水槽を有する「活魚センター」が整備された。また、1989年に正式認可がおりた「対米フグ輸出」は、下関フグを世界ブランドに押し上げた。輸出フグ処理認定施設である「(株)畑水産」は活きたフグを解体し、マイナス18度で急速冷凍し密封、下関フグを毎年ニューヨークへ輸出している。

下関から大阪市場と東京市場へのトラフグの出荷形態は、大きく異なっている。大阪市場には、活魚を含む丸魚(原魚)が7、身欠きが1、身欠き以外の加工製品が2の割合で出荷される。一方、築地市場には丸魚を出荷せず、身欠きが8、身欠き以外の加工製品が2の割合である。

トラフグはフグ毒を有するので、各都道府県ではフグの取扱いなどに関する条例・要綱等を制定している。1985年頃には円高による景気低迷でフグ料理店の需要が落ち込んでいたが、1986年の東京都フグ条例改正により、産地直送のフグ宅配便が認められた。これにより、東京では宅配便や通販により、一般の人が身欠きフグを買うことができるようになり、刺身などもスーパーで販売できるようになった。この条例改正によって、下関のフグ仲買は宅配部門を新たに設けたり、フグの宅配便の別会社を作った。

下関南風泊市場では、フグ類取扱量が2014年には年間2,230トンであり、東京や大阪の市場を大きく凌駕し、我が国最大のフグ流通拠点である。下関市内のフグ処理施設(フグの有毒部位を除去する施設として認定された卸・小売業者や飲食店の施設)は332か所(2009年3月末)あり、中でも南風泊市場の背後にある処理施設で加工されるフグの量は、最大で1日あたり5万尾にのぼる。

太平洋戦争前に下関と門司から朝鮮半島と中国大陸にわたった文人は、宿泊した宿でフグ料理を食することが多かった。北九州市出身の芥川賞作家火野葦平は、玄界灘にトラフグを釣りにいったこともあり、フグ料理を絶賛した。下関市内のフグ料理店(旅館業を含む)は、最近の下関市の観光情報に掲載されているものが69店ある[3]。

（2）下関市における天然フグの取扱動向

　下関南風泊市場では、全国の天然トラフグ取引量の2分の1程度を扱っている。下関唐戸魚市場統計により、天然フグの魚種別取扱量の推移（図3－1）を示した。唐戸魚市場統計では、1966年までカラスフグとトラフグを「ホンブク」と総称し、カラスフグとトラフグの合計値が記載された。カラスフグはトラフグより価格が安いが、生物学的には明確に区分されなかった時期があったためである。トラフグとカラスフグの合計取扱量は、1964年までは200トンと少なかったが、1965年が1,000トン、1966年が2,300トンに増加しており、ほとんどがカラスフグの増加である。1967年から唐戸魚市場統計において、トラフグとカラスフグが区分された。

　南風泊市場では、黄海・東シナ海、九州・山口北西海域で漁獲されるトラフグを「外海トラフグ」と呼ぶ。外海トラフグ取扱量は1970年には130トンと少なかったが、黄海・東シナ海での漁獲量の増加により、1972～1980年には600～900トンに増えた。しかし、松生丸事件や中国西限線侵犯事件等の発生によ

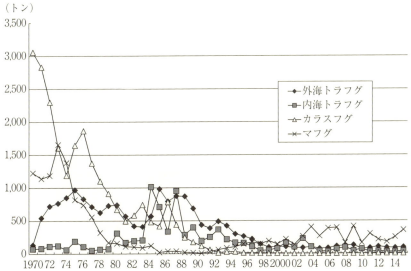

資料：下関唐戸魚市場統計

図3－1　天然フグの魚種別取扱量の推移

り、外国漁場での操業が厳しく規制されたため、外海トラフグ取扱量は1981〜1984年には400〜500トンに低下した。1985〜1988年には九州・山口北西海域におけるスジ延縄の導入により、いったん700〜900トンに増加したが、1997年以降100トン前後で低迷している。

南風泊市場では、瀬戸内海で漁獲されたトラフグを「内海トラフグ」と呼んでいる。内海トラフグ取扱量は、1984年が1,000トン、1987年が950トンと多かったが、2004〜2015年には数10トンに減少した。なお、内海トラフグ取扱量には、1989年から太平洋中海域で漁獲されて下関へ出荷されたトラフグも含まれるが、2000年代以降価格の低下により、太平洋中海域産トラフグの下関への出荷量が減少した。

南風泊市場における天然フグ価格（消費者物価指数を用いた実質価格）の推移（図3-2）を示した。外海トラフグ（活）の年平均価格（1kgあたり）は、唐戸魚市場統計では1989〜1999年には1万円以上であったが、バブルの崩壊により2000年以降1万円以下に下がり、2007年と2008年は5,000円であったが、リーマンショック後の2009年以降4,000円で推移している。

天然トラフグの漁獲量が多かった年代には、どうしても天然トラフグを必要とする流通業者がいたが、最近、天然トラフグがない場合には養殖トラフグで間に合わせる人が増えて、天然トラフグの需要が減少したことも価格低下の要因である。

カラスフグは、瀬戸内海や太平洋中海域にはほとんど生息しておらず、すべて黄海・東シナ海、九州・山口北西海域で漁獲される。カラスフグ取扱量は1970年までが3,000トンであり、その後1979年には1,000トン、1991年には100トンを割るまでに減少し、1996年以降数トンで推移していたが、2016年（1〜3月）には30トンに増加した。

カラスフグは、価格が養殖トラフグよりも少し高い程度であり、主に仲卸を通じて料理店など業務筋に販売している。最近のカラスフグは天然物として消費者にアピールできるが、漁獲量が少なすぎて入荷量が不安定であり、市場ではまだ扱いにくい商材である。

第3章 フグ流通構造の変化(流通編) 103

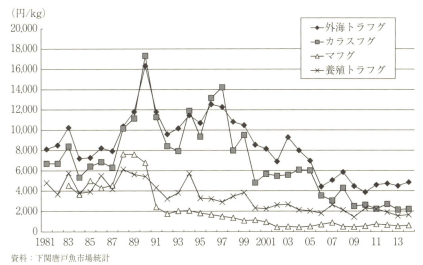

資料:下関唐戸魚市場統計
図3-2 天然フグ(トラフグ・カラスフグ・マフグ)と養殖トラフグの価格の推移

カラスフグ(活)の年平均価格は、唐戸魚市場統計では1999年まで1万円前後以上と高かったが、その後価格が下がり、2009年以降2,000円で推移している。

2. 三重県鳥羽市・志摩市安乗におけるトラフグ流通の変化

戦前の大阪では、淡路の西浦のフグ、紀州のフグ、大阪湾のフグなどのほかに、ピンチヒッターとして伊勢から運び込まれていた。1935年頃からは、伊勢でフグ専門の延縄が発達した[4]。

三重県鳥羽市は、大阪と東京の両方に近い水産物流通拠点であり、伊勢湾と遠州灘の要に位置する。このため、1930年代半ば~1970年代半ばにかけて、伊勢湾と遠州灘で操業する三重県と愛知県のフグ延縄漁船が、鳥羽にトラフグを水揚げすることが多かった。

多い年には三重県(安乗、神島、答志島など)と愛知県(日間賀島、師崎、篠島など)のフグ延縄漁船70余隻が、鳥羽へ水揚げした。1958年までの鳥羽では、フグ流通業者(丸幸、丸善、東海水産等)がそれぞれ特定のフグ延縄漁船から

フグを買い取って大阪や東京などへ出荷した。しかし、時化ると出漁できずトラフグが不足するので、流通業者が別の漁船から内緒で買う闇取引が増えたため、1959年から鳥羽市にあった鳥羽丸中魚市（株）でトラフグを入札するようになった。

このうち、フグの取扱量が最も多かった流通業者「丸幸」は、1950年代初頭から1960年代初頭にかけて、東京のフグ料理店関係の団体である「東京ふぐ料理連盟」との間で、東京へトラフグを出荷する契約を結んだ。10月10日から翌3月20日まで連日トラフグを「丸魚」で出荷する契約であり、10～12月はトラフグを毎日出荷しなければならなかったが、1月以降は出荷しなくてよい日もあった。

東京ふぐ料理連盟に加盟するフグ料理店は当時47軒であり、「丸幸」は、2貫目（7.5kg）（6～7尾入り）のトラフグが入った箱、47箱を東京ふぐ料理連盟へ送った。鳥羽駅を午後1時50分発の客車便に乗せ、名古屋駅で積み替え、東京駅へ翌朝5時に着き、午前6時に東京ふぐ料理連盟へ届けた。

「丸幸」は、東京ふぐ料理連盟へ出荷するトラフグを確保するため、伊勢湾・三河湾・遠州灘以外の海域でもフグ延縄操業を行うべく、安乗のフグ延縄漁船5隻を用船した。用船されたフグ延縄漁船は、日本海の北は石川県輪島まで、太平洋の西は和歌山県新宮、東は千葉県勝浦まで出漁した。安乗漁船の用船契約は1952～1962年頃までであり、対馬～済州道周辺海域でカラスフグの漁獲量が増加した1963年に打ち切られた[5]。

安乗のフグ延縄漁船は、1975年までは鳥羽にトラフグを水揚げしたが、1976年に安乗から鳥羽に通じる「パールロード」の開通後、安乗に直接水揚げするようになった。このため、1976年以降鳥羽へのトラフグ水揚げは減少し、以後、各漁船の所属漁協への水揚げが増加していった。

1989年の大豊漁後、東海3県において多くの漁船がトラフグを漁獲するようになった。1990年代には下関における天然トラフグ価格が他の市場に比べて高かったので、東海3県で水揚げされたトラフグの多くが下関へ出荷された。下関では身欠きフグ加工場が多いことから底値が設定され、価格が比較的安定し

た。一方、大阪市場では底値が設定されず、天然トラフグの取扱量が多いと価格が下がるので、大阪市場への出荷はあまり多くなかった。

しかし2000年頃以降、下関でのトラフグ価格が低下して活魚輸送コストとの関係で利益が出なくなると、大阪や東京への出荷や、地元での身欠き加工向けなど、出荷先が分散されるようになった。そして、現在の下関への出荷は、水揚量がまとまる10月頃に限られるようになった。

コラム11：袋セリと船上入札

　袋セリは、かつて多くの魚市場で行われたが、市場流通の変化の中でほとんどが姿を消した。下関市の唐戸市場では、1935年頃からフグのセリ方法として袋セリを採用し、現在では全国で唯一の袋セリ風景がみられる魚市場になった。筒状の黒い袋に片手を入れた競り人が、仲買人たちに囲まれて立ち、「エカエカエカ…」と掛け声をかける。この掛け声に合わせ、仲買人が袋の他方から順次手を差し入れ握手するような格好で、競り人の手や指を握り提示額を伝える。袋セリは、時間がかかるという欠点を持ち、次第に各地の市場から姿を消していった。反面、しのぎを削る競争が人間の手の触れ合いによって運ばれるという、極めて人間的な側面を持っている。

　太平洋中海域においても、三重県の鳥羽、その後の安乗が「船上入札」というトラフグ独特のセリ行為がある。トラフグは白身であり、打撲を受けると血が身に回り価値が下がるので、他の魚以上に活魚の元気度が重要視される。仲買人は入札する前に、元気なもの、弱ったもの、死んだものを判別する必要がある。フグは水中から外気に出すとあまり動かないので、元気なのか弱っているかがわからない。このため、仲買人が船に乗り込んで、船内のカンコ（活け間）の中で泳ぐトラフグをみて、その泳ぎの状態を確認した上で船の上に鉄かごを置き活フグ15～20尾を入れて、竿秤で測って入札することから、「船上入札」と呼ばれている。

　「船上入札」の長所は、陸上の荷捌所に陸揚げしないで入札するのでフグに与えるストレスが少ないことと、漁業者や仲買人が不必要にフグに触らないですむことである。「船上入札」は、以前、愛知県南知多町片名市場（日間賀島漁協）でも行われていたが、その後、荷さばき所の陸上水槽にトラフグを移し替えて入札するようになったので行われなくなった。現在では全国で唯一安乗で船上入札が行われている。安乗では、漁港港内に広い静穏水域を有しており、船上入札の後、仲買人が港内に設置した小割生け簀に直ちに移し替えている。トラフグを通して、下関と安乗がそれぞれ、全国的に珍しい漁業文化を存続させていることは、特筆すべきことである。

第3章　フグ流通構造の変化（流通編）　107

第2節　主要な消費地市場におけるトラフグ流通構造の変化

　1983年に旧厚生省が「フグの衛生確保について」を通達し、種類別に有毒な部位と可食部位などを明記したことと、トラフグ養殖生産量の増加で活魚や身欠きフグ、フグ加工品の流通販路が全国的に拡大したことにより、フグ類を扱う産地市場や消費地市場が増え、フグの条例や要綱等を制定する県が増加した。現在のトラフグ（養殖と天然の合計）は6割が大阪、3割が東京で消費されているといわれているので、これら2大消費地におけるトラフグ流通の変化を述べる。

1．大阪におけるトラフグ流通の変化

　大阪における冬の味覚の王者といえば、やはりフグである。大阪府では、1896（明治29）年に魚市場でフグを販売することを禁止する布令を出した。大阪では当たると死ぬことから、フグをテッポウ（鉄砲）と呼んでいるが、合法的な販売営業ができなかったので、庶民はフグのことを隠語で「テツ」と呼び、冬に安価なフグ料理を食べていた。

　太平洋戦争が深刻化すると、あらゆる生活必需品が配給制となり、国民は耐乏生活を余儀なくされ、フグの販売営業禁止の解禁を願う業者の声が高まった。ここまでくれば、大阪府も緩和せざるをえなくなり、1941年に「フグ販売営業取締規則」を制定して営業の基準を定め、フグ調理法の講習会を受けた者に限り営業を許可することになり、天下晴れてフグの販売営業が解禁になった。

　1950年に水産物統制が撤廃されて仲買人制度が復活すると、黄海・東シナ海を漁場とする以西底びき網で漁獲されたフグが、木製魚箱に詰められて大阪に送られた。これらの木製魚箱にはトラフグの他にカラスフグも混じっていた。1960年代の所得倍増政策による好景気によって、フグ料理を出す高級料理店が増え、大阪市中央卸売市場の仲卸に注文がくるようになった。そして高い品質のフグが求められるようになり、木製魚箱のカラスフグでは駄目で、値段は高

いが活トラフグに注文が集中するようになった[6]。しかし、大阪市中央卸売市場では特定の仲卸がトラフグの独占的な販売と評価付けを行い、1960年代半ばまでトラフグの取引量が少なかった。

このため、大阪のフグ流通業者の中から、下関などの産地から直接荷を引く「場外のフグ流通業者」が育っていった。1969年当時大阪市では、南区黒門市場に2軒、浪速区新世界市場に1軒の大手フグ流通業者がおり、この他、梅田、鶴橋等にも若干のフグ流通業者がいた[7]。

大阪の「場外のフグ流通業者」の代表格が、「丸兼」と「浜藤」であり、これら2社は戦時中から1970年代にかけて、全国的なフグ流通網を持ち、天然トラフグを大阪へ集荷する道を切り開いた。山口県徳山・上関・萩市越ヶ浜などでは、「丸兼」や「浜藤」の依頼を受けて、地元流通業者が直接大阪駅へフグを出荷した。また、大阪でフグ料理店をもつ「づぼらや」や「すし半」「田よし」なども、下関などに赴き直接フグを買った。

大阪市中央卸売市場では、高度経済成長期を経てフグの需要が多くなり、特定の仲卸だけでは十分な対応ができなくなった。このため、同市場の仲卸有志の1年近い運動の結果、大阪水産卸ふぐ組合が設立され、1968年12月、明治に禁止されて以来初めて、大阪市中央卸売市場で公然とフグのセリ取引が始まった。同市場でのフグのセリの結果、反響が大きかったのは漁業者、出荷業者であり、また、フグ料理を営業している料理屋、割烹、寿司屋などであった。フグって、こんなに高く売れるのかというのが漁業者や出荷業者。フグの値段はこんなに安いのかというのが、飲食業者や小売業者であった。1968年頃の同市場では、長崎市場や福岡中央市場から以西底びき網のトロ箱の扱い量が多かったが、フグ延縄による活、活〆（締）のトラフグの入荷量も増えてくるようになった[8]。

フグが上場される以前の1967年には、大阪市中央卸売市場ではフグ料理屋が購入するだけであったが、1968年以降鮮魚小売店、小さいフグ鍋屋、一杯飲み屋、スタンドなども手軽にフグを扱うようになった。当時の大阪では、タコ焼きの延長で、小腹を満たすために立ち飲みで少しフグを食べることが多かった。

第3章　フグ流通構造の変化（流通編）　109

　1990年代になると、大阪の「場外のフグ流通業者」の主役に変化がみられた。1980年代になって天然トラフグ漁獲量が減少し、1990年代からトラフグ養殖生産量が増加した。養殖トラフグは活魚で扱うことが多いため、規模の大きな活魚水槽が必要になるが、天然トラフグの流通業者は鮮魚で扱ってきたため、活魚水槽を有していない。このため、一般の活魚流通業者の中から「場外のフグ流通業者」として、「いけ万」や「深広」などが台頭し、養殖トラフグをフグ料理屋、関西圏の中央卸売市場へ出荷するようになった。「いけ万」は活魚に活魚表示という概念すらなかった1998年に、活きているフグを「いなつふぐ」と商標登録して、産地を明確化した販売を始めた。

　大阪市中央卸売市場本場にある大阪水産卸ふぐ組合には、仲卸約75社（2012年当時）が加入している。大阪では、活きものが好まれ「活かり気」（活魚のコリコリ感）を重視している。このため、同市場のフグ流通業者が扱っているトラフグは、丸魚（活魚を含む）が9割、身欠きが1割であり、活魚の取扱量が多い。また、大阪でフグを販売する店舗は、従来、鮮魚小売店が多かったが、養殖トラフグの価格が低下したことにより、量販店での養殖トラフグ販売が増加した。量販店では、2010年頃から養殖トラフグの身欠き、フグ鍋や刺身のセットなどを販売するようになった。

2．東京におけるトラフグ流通の変化

　1882（明治15）年に政府が「違警罪即決令」（今日の「軽犯罪取締法」にあたる）によりフグの食用を禁止したが、東京では、実際にはあまり効果がなかった。このため、東京府警視庁は、1888（明治21）年に「医師、中毒者ヲ診察シタルトキ届出方」の布令を出した。それでもフグ中毒の発生は跡を絶たなかったため、同警視庁は、1892（明治25）年に「河豚販売ニ関スル取締」を発動し、「フグは内臓を除去し洗浄したものでなければ販売してはならない」として、調理されたフグに限り販売と食用を認めることにした。いわば、条件付きのフグ食の解禁であり、東京では、この規定により「丸魚」が利用しにくくなり、代わって身欠きフグが普及した。

1931～1932年頃東京湾の品川や磯子、相模湾の小坪、房州の銚子など、近海でとれたトラフグを、鳥羽や大分のトラフグと一緒に取り扱った。しかし戦後まもなく、トラフグは東京湾から姿を消していった[9]。

　1949年の東京都フグ条例が制定される以前には、試験制度がなく申請するだけで免許が取得できたが[10]、フグ条例の制定により試験で免許が取得されるようになった。1950年には築地市場の上物組合の中にふぐ部[11]が設立され、会員がフグを販売した。

　東京で使用されるフグは、トラフグ、マフグ、ショウサイフグが主体である。トラフグは山口県・広島県・大分県などから身欠きにより入荷され、マフグは千葉県・茨城県・宮城県・山口県から「丸魚」のまま入荷した。東京のフグ料理屋では、関西よりも1日あたりのフグ消費量が少ないことから、手間がかからず、数日間の保存が可能な身欠きフグが好まれた。築地市場が扱うトラフグは身欠きが大半を占めるが、養殖トラフグが増えて市場内に活魚水槽が設置されると、活トラフグの取扱量も増えた。最近の東京全体の活トラフグと身欠きの取扱量の比率は、3：7程度と推定される。

　築地市場では、2012年10月の都フグ条例改正以前には、フグ免許を有する約80軒しかトラフグを扱うことができなかったが、条例改正後、トラフグを扱う店が合計280軒に増加した。

　東京の量販店では、都フグ条例改正後当初、身欠きフグを利用して刺身にすることを検討したが、身欠きフグよりも、加工度の高い「フグ刺身」や「フグチリ材料」などのパック商品の方が値頃感があると判断した。そして、量販店では自らが身欠きフグから刺身にする作業を行わないので、身欠きフグよりもパック商品の扱い量の方が多い。

　従来「フグ調理師」でなければ取り扱えなかった身欠きなどのフグ加工製品が、2012年の都フグ条例改正により、フグ調理師免許を持たない魚介類販売業者や飲食店でも、都保健所への届出を行うこと等で、販売・調理・加工が可能になった。これにより、従来よりも多くの料理店がフグ料理を提供できるようになった。今後は、和食のフグ料理店以外に、フランス料理店、イタリア料理

第3章　フグ流通構造の変化（流通編）　111

店等でもトラフグを扱う店が増えることが予想される。

コラム12：フグ流通・加工の功労者、老舗フグ仲卸（株）なかお

　高度経済成長期やバブル期のフグ料理は、超高級料理の代名詞となり、庶民には敬遠されがちであった。この当時、値が張った天然トラフグを少しでも安い値段でより多くの人に食べてもらおうとする、「フグの大衆化」に務めた最大の立役者が、下関唐戸魚市場の仲買人組合長や出荷加工組合理事長などを歴任した中尾勇氏（（株）なかおの社長）であった。

　1961年大阪難波高島屋百貨店でフグの料理実演会を開き、テイクアウト用のフグ料理をつくり、百貨店内にフグ料理用常設店を設置した。調理人が目の前で刺身やチリ用に料理すれば、消費者には「毒魚」の不安がなくなり、安心してフグを購入できた。また、1964年には東京新宿京王百貨店で同様の実演会を開いた。これをきっかけに、関西地区4店、関東地区5店のデパートにフグ料理用常設店が設置され、「フグの大衆化」の大きな足がかりができた。中尾氏は、1977年には下関大丸百貨店にて、お歳暮商品として初めてフグ料理セットの販売を始め、1983年には下関の宅配便によるフグ料理のセット販売を開始した。

　また、中尾氏は、愛媛県の機械メーカーに皮スキ（トラフグから皮を剥ぎ取り、皮を湯引きにして食すために皮の表皮を除去する）の機械化を依頼し、1998年頃皮スキ機が開発された。皮スキ機が開発される以前、皮スキ職人がベテランになるのに5年くらい要しており、皮スキ作業は、体力と技術の勝負であった。10数人により身欠き作業を行う場合には4〜5人が皮スキの担当となり、身欠きの処理能力は皮スキ担当者の処理能力により決まっていた。皮スキ作業は長年の経験で技を身につけた熟練職人により行われていたが、皮スキ機の出現によって全国各地で身欠き加工が行われるようになった。皮スキ機の製作時期は、国内のトラフグ養殖生産量が5,000トンに達した時期であり、この機械によって全国的に身欠きフグの大量処理が可能になった（身欠きは、丸魚に比べて、歩留まりが6割程度）。

　中尾氏の経営は、バブルの崩壊と2008年のリーマンショックによる高級食材に対する消費意欲の減退により、販売が落ち込み、また2011年3月の東日本大震災の影響でさらに悪化したため、事業規模の縮小を余儀なくされた。

注

1）厚生省生活衛生局乳肉衛生課編『日本近海産フグ類の鑑別と毒性』85pp、1984年。

2）古川澄明「下関フグ卸売市場の「存在力」－伝統的地場産業の興隆条件と「地域ブランド戦略」に関する研究－」『山口経済学雑誌』第57巻第5号、山口大学経済学会、pp.71-96、2009年。

3）日銀下関支店「「フクのまち下関」にみる最近のトラフグの流通事情」『山口県金融・経済レポート』No.16、pp.1-9、2010年。

4）北濱喜一『フグ博物誌』東京書房社、335pp.、1975年。

5）三重県における1969年以前の天然トラフグ漁獲量は、漁業養殖業生産統計年報には掲載されておらず、フグ延縄漁船の操業状況や鳥羽におけるトラフグの水揚状況を記録した資料も入手できなかった。鳥羽におけるトラフグ流通は、「丸幸」関係者からの聞き取り調査に基づき作成した。

6）酒井亮介「大阪とフグ料理文化」『浮瀬』NPO法人浪速魚菜の会事務局、pp.4-11、2004年。

7）酒井、前掲書。

8）酒井亮介「大阪中央卸売市場におけるフグの流通について」『青年経営者』No.6、pp.36-47、1969年。これによると、1968年12月～1969年3月に大阪市中央卸売市場本場取扱量は活物と活け締めが13トン、手繰物（福岡、下関、長崎の地元市場経由）が約400トンであった。

9）海沼勝『フグの本』柴田書店、253p.、1975年。

10）東京築地魚市場ふぐ卸売協同組合『創立50年記念』2001年。

11）「ふぐ部」は、1960年に「東京築地魚市場ふぐ組合」、1980年に「東京築地魚市場ふぐ卸売協同組合」に改称されて現在に至る。

第4章　フグ消費構造の変化（消費編）

第1節　消費地におけるフグ消費構造の変化

1．フグ消費の規制

　豊臣秀吉による朝鮮出兵があった文禄・慶長の役（1592～1598年）の頃、本州各地から動員された兵士の大半が、関門海峡の赤間関（下関市）や門司（北九州市門司区）、名護屋城（佐賀県唐津市鎮西町）に集結した際、調理方法がわからず手料理で食べたフグの毒に当たって多くの兵士が死亡した。たまりかねた秀吉はフグ食を禁止したが、秀吉のフグ禁制の令は江戸時代にも引き継がれた。多くの藩がフグ食の禁止令を発し、中でも尾張藩と長州藩では罰則が厳しく、例えば長州藩においてはフグで中毒死した武士は「家禄の没収やお家断絶」の措置が定められた。禁制を強いられたのは主に武士階級であり、庶民は自由にフグを食べることができ、フグ食が普及したのは江戸中期以降といわれている。

　明治になってもしばらくの間、規則によりフグの販売は禁止されていたが、食べることは特に禁止されていなかったため、フグ毒の中毒者は後を絶たなかった。そこで、政府は1882（明治15）年に、「違警罪即決令」を公布し、その中に「フグを食う物は拘留、科料に処する」という項目を設けて、全国的にフグ食を禁止した。そのような状況において、1888（明治21）年、時の総理大臣伊藤博文が下関でフグの刺身を食べ、その美味を惜しんだことがきっかけとなり、山口県だけが県令によって特別に解禁となり、山口県が全国で最初のフグ食解禁県になった。

　下関のフグ料理屋の軒数をみると、1887年には鮮魚商も含めてわずか3～4

軒であったが、フグ食解禁以降、フグ料理専門店だけでも12〜13軒に増えた。下関はフグ漁場に近いという地の利を得ており、明治中頃には、春帆楼（下関条約の交渉の舞台となったことで有名）、日並楼など十指にあまる料亭があった。下関は大陸との玄関口として、中央の名士の顧客も多いので、一般人よりもむしろ上層部の政治家か軍人、または一部の金満家がフグを食べ、下関のフグ料理は刺身を中心にした高級感があるものであった。

　高度経済成長期が過ぎた1975年頃、下関でフグ料理コースを出す店は60〜80軒はあったようだ。フグ食の規制は、戦前は警察が所管していたが、戦後1947年に食品衛生法が制定されると、旧厚生省が所管するようになった。食品衛生法第4条第2項には有毒な食品を販売してはならない。ただし、有毒部位を取り除くと販売しても良いとの規定がある。この規定により、調理、除毒が完全で、人の健康を害する恐れがないと認められれば販売できることになり、フグが初めて全国的に食用禁止措置から除外された。

　そして各都道府県において、フグの正しい流通、販売及び処理方法を確立して消費者が安心してフグを賞味できるように、条例・要綱等が制定された。フグの処理・取扱いに関する資格制度は、自治体によって異なっており、免許制度と講習制度に分けられる。免許制度は現在20都府県で設けられており、大消費地の首都圏やフグ食の人気が強い近畿圏や四国・九州に多い。免許制度を設けていない自治体では、講習会にてフグ処理の資格を与えている[1]。

　食中毒統計資料（厚生労働省）によると、フグの食中毒による死者は、1950年代後半には年間100人台であったが、旧厚生省の通達が出された1983年にはわずか6人に減少し、2008年が3人、2009年がゼロであった。

　以下に、フグの消費量が多い大阪と東京におけるフグ消費の変化を述べる。

2．大阪におけるフグ消費の変化

　大阪では、政府の「違警罪即決令」によりフグ食を禁止されていたが、禁止令に関係なくフグを食べており、フグの販売営業が解禁になったのは1941年であった。戦後、1947年に食品衛生法が制定されると、大阪府は翌1948年に全国

のトップを切ってフグ条例を制定した。すると、大阪ではフグ料理を扱う料理屋が一気に増えた。

1955年頃になるとあまりにもフグの需要が増えたため、下関からフグが出荷されるようになった。大阪では1955年を境にして、今日の大衆料理、フグチリ、フグ刺身が生まれ、手っ取り早くフグチリやフグのそぎ身が食べられるようになった。フグ刺身は技術が必要であり、この技術は下関で完成した。大阪でフグ刺身が好まれるようになったのは、下関からの出荷が増えた1960年代前半からである[2]。

1968年に大阪市中央卸売市場でフグが正式に上場されると、これまでよりも安い価格で天然トラフグが入手できるようになり、今までフグを扱っていなかった小売屋・魚屋も、フグを扱うようになった。1980年頃、大阪で「フグの暖簾」を出している店は5,000軒といわれた。また、養殖トラフグの価格が下った1994年頃から、養殖物を利用する料理店が増えた。フグ鍋を1,980円で販売する激安店や、店内の活魚槽にフグを泳がせて活フグをアピールする店なども現れた。

大阪のフグ料理屋は、個人経営店の他に、外食フグ料理チェーン店、居酒屋チェーン店がみられる。関西の外食フグ料理チェーン店の開業は、「ふぐ政」(株式会社ナガノ、本社神戸)が早い。「ふぐ政」は1965年に創業し、この当時から周年天然トラフグを使用し、連休や盆には冷凍物を使用した。「ふぐ政」は2015年現在、大阪府、兵庫県などに18店舗がある。

養殖トラフグ生産量の増加に伴って、同じ外食フグ料理チェーン店である「玄品ふぐ」(株式会社関門海、本社大阪、1989年創業)が開業し、また、居酒屋チェーン店「がんこ」(がんこフードサービス株式会社、本社大阪)もフグ料理を出すようになった。

最近、外食フグ料理チェーン店に来客するインバウンド(訪日外国人観光客)が急増している。大阪の「玄品ふぐ」では、2015年に入ってから来客者に占めるインバウンドの割合が増加し、3月が10%、4月が20%に急増した。7月に至っては90%に増え、ほとんどがインバウンドという店舗もあった。中国から

のお客が圧倒的に多く、次いでタイ、シンガポールである（みなと新聞（2015
年8月6日））。中国にはフグ料理の免許制度がないのでフグ中毒が不安なため、
免許制度がある日本で食べているようである。

3. 東京におけるフグ消費の変化

　江戸では、江戸時代中期以降、マフグやショウサイフグのフグ汁（フグの身
を入れたみそ汁）が食されていたようだ。また、明治時代から太平洋戦争前ま
での東京の庶民は、マフグやショウサイフグの雑炊や鍋料理が食していた。し
かし、戦前の東京にはフグ料理の免許制度がなかったのでフグ中毒が絶えず、
フグを食べる人は少なかったようだ。

　戦後、東京都は大阪府に次いで2番目に早い1949年にフグ条例を制定し、実
技試験を含む難度の高い免許制度が課せられ、安全安心なフグ料理が提供され
るようになると、お客が増加しフグ料理屋も増えていった。浅草、入谷など東
京の下町には、「大衆フグ店」が多くあり、1950年代後半から1960年代前半に
かけては、マフグのフグチリが主力メニューであり、1963年にはマフグを使っ
たフグチリが100円であった。マフグは浅草のフグ料理屋が主に利用し、当初
は常磐沖のものを使用していたが、常磐沖で獲れなくなると、山口県産のマフ
グを使用するようになった。

　山口県では、1950年代末から1980年代前半までマフグが好漁であったが、
1980年代半ば〜1990年代前半に不漁となり、この頃から養殖トラフグの生産量
が増加した。この時期に、東京下町のフグ料理店では、マフグの料理を出して
いた店主が高齢により引退するところが多く、跡を継いだ二代目の店主は、入
手しやすい養殖トラフグを優先的に使用したため、マフグの使用量が減少して
いった。

　しかし、現在においても、一部のフグ料理店ではマフグにこだわり、トラフ
グ料理とともにマフグ料理を出している。その1つがフグ料理店の老舗、築
地・勝鬨橋のたもとで明治時代に開業している「天竹」である。「天竹」は当
初テンプラ屋であり、マフグのテンプラを総菜として売っていたが、その後、

第4章　フグ消費構造の変化（消費編）　117

マフグをチリで売り、フグのコース料理も出すようになった。「天竹」のメニューには、トラフグのみを使用する場合は「トラフグ料理」、マフグを主体にその他のフグも含めて使用する場合は「フグ料理」と記された。

　東京のトラフグ料理は、大正時代に下関のフグ調理師が上京して、主に刺身を食べるようになってからである。芝や浅草などの料亭で刺身などの高級トラフグ料理が食べられるようになった。しかし、大正年間の東京の高級フグ料理屋は10店に満たなく、太平洋戦争以前もトラフグのコース料理を出す店は少なかったようである。東京においてトラフグのコース料理を出す店が増えたのは、戦後の高度経済成長期以降である。東京都内では、1975年頃になると、一般の料理屋も含めて、フグを取り扱う店は約1,500軒に達したようだ。

　東京のフグ料理は粋に食べ季節感を有するため、関西に比べて価格が高い。東京ではバブル期であった1990年代初めまでは、会社の交際費によりフグ料理を食することができ、天然トラフグのコース料理が超高級料理の代名詞となった。しかし、バブル崩壊による接待需要の大幅な減少により、高級フグ料理店のお客が減少し、リーマンショックがさらに追い打ちをかけた。

　東京のフグ料理は大阪よりも料金が高いことから、1990年代半ば以降、関西系外食フグ料理チェーン店の東京進出を促した。「玄品ふぐ」や「とらふぐ亭」（株式会社東京一番フーズ、本社東京）が東京に進出したことにより、東京では、従来よりも安い料金でトラフグ料理を食べることができるようになった。

コラム13：日本一のづぼらや

　養殖トラフグがまだなかった頃、高級魚とされる天然トラフグの味を大阪で広く大衆に浸透させて、「トラフグの大衆化」に大きく貢献したフグ料理屋の1つが、「づぼらや」（株式会社づぼらや、本社大阪）である。通天閣のそばにある大阪・新世界の「づぼらや」は、1940年代後半からフグ料理を提供し、店頭に巨大なトラフグの提灯を提げており、大阪のシンボルになっている。

　産卵親魚のトラフグが多かった当時、「新世界のづぼらやで　づぼら連中集まって　フグを肴に花が咲く」というコマーシャルソングがテレビ・ラジオを通して流れていた。秋の彼岸から春の彼岸までといわれたフグの旬を奪い、1年を通して食べる「年間魚」に変えた象徴ともいうべき歌である。「づぼらや」は、盛期には新世界、道頓堀、梅田の3店を持ち、収容能力約1,800人のマンモスフグ店であり、薄利多売ができ、多い年には年間600トンのフグを売った[3]。

　「づぼらや」は、1962年には全国の天然トラフグの6割を消費して日本一になったといわれ、1970年には天然トラフグの消費量が140トンのピークに達した。「づぼらや」は、「天然トラフグを安く売る」が商売のモットーであり、価格の安い産卵親魚をまとめ買いして冷凍保管し、周年天然トラフグ料理を提供した。しかしその後、産卵親魚の減少や、養殖トラフグ価格が下がったことに伴う産卵親魚価格の相対的な割高により、お客が減少したため、2012年には天然・養殖の合計で40トンにトラフグの取扱量が減少した。

第4章　フグ消費構造の変化（消費編）　119

第2節　産地におけるトラフグ消費構造の変化

　延縄や養殖が行われるトラフグ産地では、トラフグ価格が高かった1990年代までは、県外の卸売市場へ出荷することが多かった。しかし、2000年頃以降価格が下がると地産地消を推進して、地元の民宿等が積極的にフグ料理を提供するようになった。フグ料理の提供を始めた時期は、産地により多少異なるが、以下に、天然トラフグ産地の東海3県と、養殖トラフグ産地の福井県・兵庫県における消費動向を述べる。

1．天然トラフグ産地の消費動向
（1）　愛知県
　愛知県南知多町の日間賀島や篠島では、旅館と民宿がフグ料理を提供している。ここでは、宿泊客が最も多い日間賀島の事例について述べる。知多半島の先に浮かぶ日間賀島では、愛知県フグ条例が制定された1976年に6つの旅館がフグ免許を取得した。これらの旅館は、早速お客にフグ料理を出したが、各旅館により料理の中味がバラバラであり、1泊の宿泊料金が2万円以上の高い旅館もあり、お客は増えなかった。

　このため、1981年頃日間賀島観光協会では、フグ料理を普及させるためフグ組合を設置した。そして、既にフグ免許を取得した6つの旅館が中心になって、島内の旅館・民宿にフグ料理の講習会を開いた。その結果、同年島内で28名がフグ免許を取得したことから、同観光協会は「安くて安心して食べられるフグ」をキャッチフレーズに誘客を行った。また、トラフグが大量に漁獲された1989年にも、同観光協会はフグ料理による誘客を始めたが、いずれもお客が増えなかった。

　1992年頃同観光協会は、名古屋鉄道株式会社（以下、「名鉄」）との間で宿泊に関する協定を結び、商品開発を通じて宿泊施設が同じ料理を出すことを決めた。日間賀島の宿泊施設は、フグ料理を出す以前には海鮮料理を出していたが、

中味や料金が異なっていた。1993年と1994年には、下関のフグ料理人や南風泊市場関係者を呼んで、料理講習会も行った。

　そして、1995年に名鉄と同観光協会が共同でフグ料理のパック企画を作った。このパックでは、名鉄の運賃と、知多半島と日間賀島を結ぶ高速船やフェリーを所有する名鉄海上観光船株式会社（以下、「名鉄観光船」）の運賃、並びに日間賀島のフグ料理をセットにした包括旅費として、日帰りを1万円、1泊を1万5,000円とした。このパックの受入施設は、お客へのクレーム対応の面で、お客をもてなす専業の社員を雇うことができる旅館のみを対象とした。名鉄は、1995年以降数年間、毎年6,000万～7,000万円の宣伝費を使って、テレビ・新聞・駅のポスターなどにより日間賀島のフグ料理を宣伝した。1995年頃の天然トラフグは価格が高かったのでかなり格安な料金であったため、この宣伝が功を奏してパックの参加人数は、1995～1997年が3,000人、1998年が5,000人であり、2004年には1万5,000人に増加した。

　1996年には2つ目のフグ料理パックとして、名鉄観光船がマイカーを対象に旅館と民宿でフグ料理を食する企画を作った。また、1997年には3つ目のフグ料理パックとして、名鉄観光船が日間賀島と篠島の旅館と民宿でフグ料理を食する企画を作った。2015年現在これら3つの企画はいずれも継続している。

　民宿がフグ料理をだす時には、海鮮料理の時よりもお客の数を7割に減らした。フグのフルコース料理は食べ終わるまでの所要時間が2時間であり、最初の煮凝りから最後の雑炊までを、タイミング良く提供するためである。

　日間賀島への来訪者はトヨタ関連会社の関係者が多いが、宿泊客が最も多い月は経年的に変化した。リーマンショック以前には、会社関係者の忘年会が行われる11月と12月に宿泊者が多かったが、リーマンショック以後、社員旅行への福利厚生補助金を縮小されたため、会社関係者の忘年会が減少した。

　そして最近では、気温が一段と下がる1～2月に観光ではなく、フグを食べることを目的とする個人的なお客が増えた。2～3月には、学生や若いOLが卒業旅行その他の目的で来島し、白子を食べる人が増えた。白子はあこがれの食材であり、天然トラフグが主体の時には全国的に白子の供給量が少なかった

が、養殖トラフグの増産により白子の供給量が増えた。

日間賀島にフグ料理を食べに来るお客は、1月を100人とすると、最近では10月が30人、11月が50人で少なく、12月が90〜100人、2月が130人、3月が90人であり、2月が1番多い。

日間賀島では、1973〜1981年頃まで、冬場のお客数が年間全体の1割に達していなかった。しかし、フグ料理によって冬場のお客が増加したため、夏のお客が一番多いことには変わりがないが、春・秋・冬のお客の割合が平準化した。フグ延縄の操業期間は2月末で終わるが、水槽で天然トラフグを活かすことにより、3月中旬までフグ料理を提供している。天然トラフグが足りない時には養殖トラフグを使用している。

（2）　三重県

三重県でフグ料理を提供する宿泊施設は、フグ延縄操業の歴史が長い志摩市安乗が最も多い。安乗に水揚げされるトラフグは、1990年代には下関へ出荷されることが多かったが、2000年頃以降天然トラフグ価格が低迷すると、伊勢志摩観光のお客にフグ料理を提供するようになった。

安乗観光協会は2000〜2002年に、1泊1万2,500円の格安なフグコースプランを設定したところ、お客が2000年の50人、2001年の500人から2002年には2,000人に増加した。こうして、地元ではフグ料理によってお客を呼べる期待が高まったので、2003年に旧阿児町（2004年に志摩市に合併）の主導により、本格的なブランド化に向けて、漁協・観光協会・商工会など8団体が安乗フグ協議会を設立した。そして、同年8月に安乗フグの商標登録を取得し、同年秋に志摩市内に限定した安乗フグ取扱店認定制度を確立した。

また、2003年には三重県の助成金（三重ブランドチャレンジ事業）を得て、パンフレットの作成やブランド専門家の指導などを受けた。当初の安乗フグブランド化のコンセプトは、「安くても売る」ことを目的にしていたが、この事業を通して、安く売ることは誰にでもできることから、「高く売る」ことにコンセプトを変更した。地元の民宿、飲食店等による地元消費が拡大したため、ト

ラフグ水揚量全体に占める地元消費の比率は、1990年代の約5％から、2004年には約30％に増加した。

安乗には、安乗フグ取扱店の認定を受けた民宿や飲食店等が15軒ある。安乗の民宿では、以前、海水浴シーズンのお客が最も多かったが、少子化により海水浴客が減少したため、最近ではフグ料理を食べに来るお客の方が多くなった。また、フグ料理のお客は、以前には会社の忘年会が多かったが、最近家族連れや年配者夫婦が多くなった。ある民宿の宿泊客の住所をみると、東日本大震災以前には、関東が4、関西が3、中部・その他が3の割合で関東からのお客が多かったが、震災後、関東のお客がほとんど来なくなり関西と中部のお客も減少し、地元三重県が多くなった。

（3） 静岡県

静岡県においてトラフグ漁獲量が最も多い浜松市浜名漁協は、浜名湖の入り口に位置しており、同じ浜名湖の奥に浜松市舘山寺温泉がある。舘山寺温泉では、夏場にはウナギ料理のお客が多いが、冬場には旬の料理がないのでこれまでお客が少なかった。このため以前から、冬場の集客対策が検討されていたが、1989年のトラフグ大豊漁によって、冬季の集客対策としてトラフグに白羽の矢がたった。

2003年に舘山寺周辺のホテル・旅館など24施設が集まって、「遠州灘フグ調理用加工協同組合」（以下、「フグ協同組合」）が組織された。フグ協同組合には、舘山寺温泉で2つのホテルを所有する遠州鉄道系会社が主に出資している。そして、同年この会社が所有する舘山寺温泉のホテルの敷地内にあった総菜加工場を、「トラフグ身欠き加工場」に転用して、天然トラフグの身欠き加工を行っている。

トラフグの身欠き加工場は全国的に珍しいため、マスコミに「フグ工場」と呼ばれ、舘山寺温泉のフグ料理の知名度を高めた。舘山寺温泉では2002年までは、一部の旅館だけがフグ料理をお客に提供していたが、フグ工場ができたことにより、多くのホテル・旅館が身欠きフグを使用してフグ料理を提供できる

第4章　フグ消費構造の変化（消費編）　123

ようになった。

　トラフグ料理を目的に舘山寺温泉のホテル・旅館に宿泊したお客は、2003年が20千人であり、2004年（同年には浜名湖花博が開催）には3万5,000人に増加した[4]。しかし、2004年には不漁が続き天然トラフグの供給が不足したため、2004年12月にフグ料理客の新規受付を中止した。中止に至る経過の中で、一部関係者から、「天然トラフグの代わりに養殖トラフグを使用して、宿泊客を引き続き受け入れるべき」との声も上がった。しかし、舘山寺温泉観光協会は天然トラフグにこだわり、本物の素材、本物の商品の提供を続けるべきとし、「養殖トラフグ」を使用しないことを決めたため、中止に至った。2005年には、2004年12月の新規受付中止の余波や、トラフグ漁獲量の減少により、お客が2004年よりも減少した。

　フグ協同組合が浜名漁協から買い付けたトラフグの数量は、フグ料理を食したお客の数に比例する。2004年が8トン、2005年には3.8トンにいったん減少し、2007年には7トンに回復したが、リーマンショック以降ほぼ3トンで推移した。

　以上、東海3県の宿泊施設を比較すると、愛知県日間賀島と三重県安乗は旅館・民宿であり、経営規模が小さいので連帯意識が強いが、静岡県舘山寺温泉は経営規模が大きなホテルが主体であり、ホテル間の競争意識が強い。

　日間賀島では、天然トラフグ価格が高かった1990年代半ばにフグ料理による集客が始めて、名鉄の宣伝効果により大量のお客が来たので、天然トラフグの不足を養殖トラフグで補っている。一方、舘山寺温泉と安乗では、天然トラフグ価格が下がった2000年初頭からフグ料理の提供を始めており、お客の数は日間賀島より少なく天然トラフグにこだわっている。

　東海3県の宿泊施設の中では、舘山寺温泉のフグ料理客の減少が目立つ。舘山寺温泉はホテルの企業規模が大きいためか、日間賀島や安乗とは異なり、地元漁協との連携があまりみられない。舘山寺温泉は、浜名漁協との連携を深め天然トラフグ産地としての強みを生かして、宿泊客の満足度を高める必要がある。

2．養殖トラフグ産地の消費動向

（1）　福井県

　民宿における養殖トラフグ料理の提供は、福井県が1987年から始まり全国で一番早い。小浜市では養殖されたトラフグの民宿による地元消費が多い。海水浴場を有する小浜市阿納は全世帯が19戸、このうち民宿が16戸、トラフグなどの魚類養殖を13戸が行っている。これらの魚類養殖経営体は、従来漁業を主業としていたが、1964年頃から夏の海水浴客を相手に季節民宿を兼業した。その後、全国的に民宿に宿泊するお客が減少すると、阿納では周年民宿に転換した。そして、料理用の魚を周年確保するため、1975年からマダイ・ハマチを養殖し、その後クロソイ、スズキ、アジなども少量養殖した。

　1988年頃になってマダイ価格が下落すると、魚類養殖経営を安定化させるため、阿納では隣の高浜町が行っているトラフグ養殖を始めた。この当時のトラフグは高価格であったため、多くが県外に出荷された。しかし、その後トラフグ価格が下がったため、宿泊客が少ない冬季に、これまでのカニ料理（エチゼンガニ）に代わってフグ料理を提供したところ、お客が増加した。年間の宿泊客数に占める冬季の割合は、カニ料理が主体であった時には2〜3割であったが、フグ料理を出すようになると5割に増加した。阿納では、10月から翌5月初めの連休までの長期にわたり、トラフグを主体に他の地魚と組み合わせた民宿料理を提供している。

　2011年に舞鶴若狭自動車道の小浜インターが開通し、神戸市から小浜市までの所要時間が2時間に短縮されたことにより、阿納に宿泊するお客がさらに増えた。阿納にくるお客は、大阪、次いで京都の順に多いが、福井市や愛知県・石川県からのお客も増えている。フグ料理のお客は、日帰りが2割、宿泊が8割であり、1民宿あたりの年間のお客は2,500〜3,000人である。

　福井県嶺南地域（若狭地方及び敦賀市）でフグ料理を提供する民宿は[5]、218軒、フグ料理目的の観光客数は5万8,000人（2006年聞き取り）である。

第4章　フグ消費構造の変化（消費編）　125

（2）　兵庫県

　南あわじ市福良の旅館では、明石大橋がかかった1998年当時、2月に養殖トラフグの料理を出していたが、評判は今ひとつであった。福良のトラフグ養殖業者は、2003年頃「淡路島3年トラフグ」（以下、「3年フグ」）のブランド化を図った。3年フグは、2年フグよりも大型サイズであり、白子のサイズが大きく、身が引き締まりしっかりとした甘みがあるので、2年フグよりもワンランク上の身質と風味が味わうことができる。

　島内の旅館が、3年フグを冬季の目玉料理として積極的に使用するようになると、島内での3年フグの消費量が徐々に増えていった。冬季の宿泊客は、従来少なかったが、10月終わり〜3月初めに3年フグ料理を提供するようになると、1月と2月には宿泊客の8割が3年フグ料理を注文した。3年フグを提供するところは、2009年までは南あわじ市内の旅館に限られていたが、2010年以降淡路島全域の旅館に拡大した。2015年には福良が出荷するトラフグはほとんどが3年フグであり、3年フグ生産量の半分が島内の旅館で消費された。

　以上、福井県と兵庫県の養殖トラフグ産地を比較すると、福井県では民宿を兼業するフグ養殖業者が2年フグの料理を、兵庫県では旅館が3年フグの料理を、それぞれ提供している。福井県と兵庫県の養殖トラフグ産地は、大都市に近いため宿泊客が多いこともあり、地元宿泊施設がフグ料理を提供することによって、養殖トラフグの消費拡大に成功した。なお、全国海水養魚協会・トラフグ養殖部会の他の5県では、九州や四国に位置し大都市から離れているため宿泊客が少なく、地元宿泊施設での養殖トラフグの消費が少ないが、最近では多くの産地で学校給食などを通して地元消費の拡大を図っている。

コラム14：夏フグの消費

　フグ食の期間は、以前、秋の彼岸から春の彼岸までといわれていたが、養殖トラフグでは飼育をコントロールすることにより、ほぼ周年フグ料理を提供できるようになった。そうなると、夏場にもトラフグを食べようという動きがでてくる。

　福井県小浜市阿納でも、2010年頃から夏フグを扱うようになった。3年トラフグを飼育するために、1～2の生け簀を持てば夏フグ料理を提供することができる。トラフグ料理のお客が最も多い12月のお客数を100人とした場合、1～3月が70～80人、4月は30人に下がるが5月は60人に増える。6～9月は10人程度と少ないが、10月が50人、11月が80人である。6～9月はお客が少ないものの、毎月夏フグを食べるお客がいる。

　首都圏での外食フグ料理チェーン店の店舗数が最も多い「とらふぐ亭」は、1996年に1号店を出店し、2015年には東京都・神奈川県・埼玉県・千葉県に42店舗を展開している。「とらふぐ亭」は、開業からの数年間は珍しさもあって冬季のお客が多かったので、夏にお客が少なくても営業的には十分儲かっていた。しかし、その後リピート客が減少して冬季のお客が目減りしたため、「とらふぐ亭」は2010年頃から、夏季の稼働率を高めるため、夏メニューに焼きフグやフグ飯を出している。

　「とらふぐ亭」における冬季と夏季のお客数は、開業当初は6（冬季）：1（夏季）の割合で冬季が圧倒的に多かったが、最近は、夏季にインバウンドの増加や夏フグキャンペーンにより、2.5（冬季）：1（夏季）と夏季の比率が高くなった。

第4章　フグ消費構造の変化（消費編）　127

第3節　フグ消費の拡大

　明治時代の大阪と東京では、フグ汁を出す料理屋が多かった。フグの刺身は、幕末に山口県で始まり、東京には大正年間（1920年頃）、大阪には1950年代頃下関などから伝わった。下関の料理人の独創的な感性と包丁技により絵皿に盛る刺身が編み出された。

　フグのコース料理は、煮凝りから始まり、次に刺身が出る。その後、チリ、白子、雑炊などが続く。フグ料理は、日本の食文化を代表するものであり、除毒の技術、調理の美しさ、器との調和等、まさに長い歴史の中で完成された芸術である。トラフグは、独特な身質を持ち弾力性があり、他に代替魚種がいない。

　フグは、日本的な淡泊さの中でも最も淡泊な魚で、魚臭が少なく、身の組織が魚肉よりも獣肉に近く、小骨がなく口当たりが良い。その上、白子には計り知れぬ栄養があるなどの魅力を無視できない。こうしてみると、フグはひとかどの名優にあることに間違いないが、それは、今日のフグ料理の檜舞台をフグが一身に支えているのかといえば、そうでもなさそうである。フグには名脇役ががっちりと根付いているからである。料理に使用するスダチがそれで、東洋のレモンといわれ、あのスカッとした酸味は、秋を深くする魅力がある。橙、柚香、カボスも同様、日本の秋には欠かせない独特の個性をもっていることは広く知られている[6]。

　フグコース料理に使用する天然フグには、トラフグ、カラスフグ、マフグの3種がある。トラフグは旨味が豊かであり、水分の少ない締まった身質でよく伸びるので、薄造りに向く。カラスフグは水分が少ないので、トラフグに準じた使い方ができるが、トラフグに比べてやや赤身を帯びており、白子の熟成が早いためフグチリに利用することが多かった。マフグは鮮度が良ければ刺身はすっきりとさわやかな味わいで美味しく、鍋にすると非常によい出汁がでる。これら3種のフグを食べ比べることも楽しい。

同じトラフグといっても、養殖物、秋・冬の天然物、産卵親魚、蓄養物の４タイプにより、身質が多少異なる。最近のトラフグ料理は養殖が多いが、養殖一辺倒になると、トラフグ料理の多様性がなくなる。これら４タイプのトラフグの味を楽しんではいかがか。

　天然トラフグは養殖トラフグよりも身質が良い。天然と養殖の違いをみると、天然は養殖に比べて運動量が圧倒的に多く、身質が筋肉質である。天然の刺身は、身が堅いため厚く切ったら食べられないので薄く切るが、養殖の刺身は柔らかいため、天然ほど薄く切ることができないのでちょっと厚めに切る。天然の白子は身に力があるが、養殖はとろけるので質が劣る。フグチリで天然と養殖を食べ比べると、天然の方が明らかに身に歯ごたえがある。

　しかし、天然トラフグをあまり食べない人、養殖トラフグをいつも食べている人は、天然と養殖の評価が逆転する。これは大変残念なことである。料理屋において天然物が常時供給されないと、調理師は毎日使用できる養殖物を使わざるをえない。最近、養殖の供給量に比べて天然の供給量があまりに少ないことから、天然が利用しづらくなり、結果的に天然の需要が低下し、天然の価格が下がってきた。しかし、天然あっての養殖である。

　トラフグ・カラスフグ・マフグの３種のフグ料理を食したり、トラフグの身質が多少異なる４タイプを食してこそ、フグ食文化は多様性を持つことになる。カラスフグはレッドリストの絶滅危惧種に指定されたが、最近再び資源が回復しつつある。

　1980年代後半以降のバブルの最盛期、東京・浅草の大衆的フグ料理店ではお客が長蛇の列をなしていた。バブルがはじけて、官官接待の自粛、リーマンショック後の会社の交際費・福利厚生補助金の縮小などにより、浅草の大衆的フグ料理店でも最近はお客がかなり減少した。

　バブル崩壊以降、国内においてもトラフグの食べ方にいくつかの変化がみられる。同一の料金でみると、刺身よりも鍋料理、鍋料理よりも唐揚げの方がトラフグの量が多い。最近、子供や女性を中心に唐揚げを好む人が増え、唐揚げの消費量が増加している。

フグ食文化が成熟している大阪では、自前でフグを食べることができるようになると、社会人として一人前になった証拠と賞賛される。大阪では家庭の正月料理でフグを食べるくらい、家庭でもフグ食が普及している。一方の東京では、外出してフグ料理を食べており、家庭料理としてのなじみがうすい。東京でトラフグ消費を増やすためには、江戸時代から食べていたマフグをまず食べて、フグの味に馴染んでもらい、次の段階としてトラフグを食べるというやり方も1つの方法であろう。

大阪や下関の魚屋では、生鮮の身欠きフグを1尾単位で簡単に購入できる。しかし、著者が2015年秋に築地市場の仲卸から生鮮身欠きフグを購入しようとしたが、冷凍した身欠きフグ2尾が1セット（業務用）でしか販売されていなかった。他の仲卸を探せばあったのかもしれないが、東京においても生鮮の身欠きフグを1尾ずつ購入できるようになると、東京の家庭でもフグを食する人が増えるのではないか。

バブル期にトラフグの価格があまりに高くなりすぎたため、フグ料理が超高級品というイメージが定着してしまった感がある。しかし、実際のトラフグは高級といいつつも、価格がかなり下がり、他の高級食材よりも安く買うことができるようになった。下関では、フグをフクと呼び、フクを食べると幸福になれるという。

2014年米国リーダーズダイジェスト誌に掲載された世界の珍料理トップ10。外国人が美味そうだけど勇気がいる食べ物1位が「フグの刺身」であった。猛毒を持つとイメージされているフグは、外国人にとって死ぬ覚悟で挑む食べ物のようだ[7]。逆にそれによってフグの刺身は非常に関心の高いものになっている。

本書において、いくつかの「トラフグ物語」をお話させていただいた。フグのような嗜好品は、話題性が高まれば高まるほど、フグ食の付加価値が高まって食べる人が増える。今後、中国でフグ食が解禁されると、日中間のフグ食文化の交流が増えて、さらに話題性が高まることが期待される。そうして、フグ料理を食べたいと思う人が増えて、大阪や下関のように身欠きフグを家庭で食べるような、フグ消費の新時代がくることを期待したい。

コラム15：トラフグ消費が拡大した名古屋

　日本三大都市の1つである名古屋は、フグ食を禁止した豊臣秀吉の出身地であるため、江戸時代の尾張藩では、フグ禁制を犯した武士に対する罰則が他藩に比べて厳しかった。尾張藩では、「河豚を捕らえ来たり売り捌き漁師、買い取りて売り捌く者、買い受けて食べ候者は押込5日。右魚を貰い請け食べ候者は押込3日」とあり、武士だけでなく庶民にも罰則が及んだ。長州藩よりも厳しい。

　このためか、名古屋では1980年代まではフグ料理に縁がなかった人が多かったようだ。しかし、1995年に名鉄が日間賀島観光協会と共同で、フグ料理のパック企画を作ったことにより、名古屋市民のフグ料理への関心が急速に高まった。

　鈴木守治愛知県ふぐ組合代表は、名古屋駅に近いところにフグ料理専門店を出店され、お客の半分がトラフグ料理を初めて食べる人であり、30歳代の人が多いとのこと。

　また、名古屋市に本社がある日本料理チェーン店「木曽路」（株式会社木曽路）は、2004年からトラフグ料理を10月1日〜翌3月末の6か月間の季節料理として提供している。「木曽路」が提供する料理は、寒い時期に嗜好性が高いフグ鍋ではなく、10月〜翌3月の長期にわたり食される刺身と唐揚げが主体である。

第4章　フグ消費構造の変化（消費編）　131

注

1）編集部「全国のフグ処理・取扱いの取り決めと京都での条例改正の動き」『養殖』1月号、緑書房、pp.32-34、2011年。

2）北濱喜一『フグ博物誌』東京書房社、335pp.、1975年。

3）朝日新聞西部本社社会部『ふぐ』朝日新聞社、pp.146-152、1982年。

4）河野延之「「遠州灘天然トラフグ」のブランド化とそれを活用した浜名湖の観光振興」『独立行政法人水産総合研究センター委託事業2007年度栽培漁業技術中央研修会』21pp.、2009年。

5）宮台俊明「DNAマーカーを利用したトラフグの雌雄判別」『養殖』第46巻第13号、緑書房、pp.48-50、2009年。

6）北濱、前掲書。

7）米国リーダーズダイジェスト誌（2014年）に掲載された世界の珍料理トップ10は、以下の通り。1位が日本のフグの刺身。2位がカンボジアの蜘蛛の天ぷら。3位がカナダの大草原の牡蠣（牛の睾丸）。4位がフィリピンのバロット（ふ化直前のアヒルのゆで卵）。5位がスコットランドのハギス（羊の内臓）。6位が韓国のサンナクテ（蛸の躍り食い）。7位がメキシコのエスカモーレ（巨大アリの卵）。8位がアイスランドのハカール（サメの肉）。9位が米国の脳みそサンドウィッチ（豚の脳）。10位がイタリアのカース・マルツゥ。

補論　マフグの漁業生産と消費の動向

　東京の庶民が食したマフグは、当初、宮城県・福島県・茨城県・千葉県（以下、「関係4県」）の小型機船底びき網や大型定置網などにより漁獲されたものが築地市場へ出荷された。1960年代半ば以降、関係4県での漁獲量が減少すると、代わって山口県萩地区（萩市越ヶ浜、阿武町奈古等）のマフグ延縄漁船により漁獲されたものが築地市場へ出荷された。補論では、マフグの漁業生産と最近のマフグの消費動向等について述べる。

1．築地市場におけるマフグの取扱動向

　マフグは、体長50cmの中型サイズでトラフグより少し小柄であり、皮にはトラフグと異なり背・腹面ともに棘がなく滑らかであるため、「ナメラフグ」とも呼ばれるが、皮には毒がある。マフグは、トラフグのように魚槽の中で噛み合うことがなく、性格がおとなしく気品があり、トラフグが「フグの王様」に対して、「フグの女王」と呼ばれる。

　マフグはトラフグやカラスフグよりも日本周辺での分布域が広く、1960年代まで太平洋側でも相当量漁獲されたが、1970年代以降主に日本海側で漁獲される。

　1949年に東京都フグ条例が制定されると、築地市場のマフグ取扱量が徐々に増えていった。東京都中央卸売市場年報によると、築地市場における関係4県のマフグ取扱量は1961～1963年には合計100～200トンであったが、1964年以後減少した。一方、山口県産マフグの取扱量は、1961～1963年には100トン程度であったが、1964年以降関係4県のマフグ取扱量が減少すると、山口県産の比率が半分以上を占めるようになり、1974年には86％（213トン）のピークに達し、1988年までは山口県産が40％以上を占める年が多かった。その後、山口県のマフグ漁獲量が減少すると、築地市場における全国合計のマフグ取扱量も減少した。[1]。

萩地区マフグ延縄漁船が漁獲するマフグは、3～4月に山口県沖合から島根県隠岐地先で産卵、4月を過ぎるとその後日本海を北上し、夏期まで日本海に広く分布する。降温期を迎える9月以降南下移動し、韓国東岸沖合及び山口県沖で10月～翌年3月まで越冬滞留する[2]。

　図補-1に、マフグの漁期と漁場を示した[3]。日本海のマフグは、従来、山口県萩地区のフグ延縄漁船や島根県浜田市の沖合底びき網漁船（2そうびき）により漁獲されることが多かったが、その後北陸地方や北海道の定置網により漁獲されたものが、下関や関西へ出荷された。

　沖合底びき網（2そうびき）や定置網により漁獲されるマフグは、網で擦れるので鮮度が下がり身質が白っぽいが、フグ延縄により漁獲されるマフグは、比較的鮮度が良く身質に透明感がある。このため、東京のフグ料理店では山口県産マフグが好まれた。

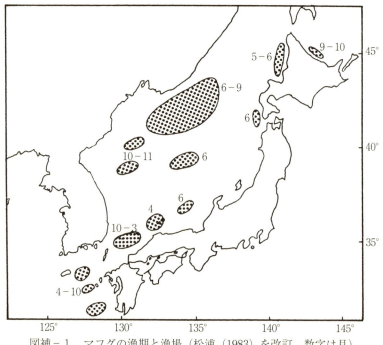

図補-1　マフグの漁期と漁場（松浦（1983）を改訂、数字は月）

補論　マフグの漁業生産と消費の動向　135

2．山口県萩地区マフグ延縄漁業の変遷

　山口県産マフグは、1950年代末〜1960年代前半には萩市越ヶ浜の12トン船が9〜11月に山口県沖で底延縄により漁獲した（この当時、12月〜翌3月には山口県沖に来遊するトラフグ・カラスフグを漁獲）。しかし1965年以降、黄海・東シナ海のフグ延縄漁場が開発されると、多くの越ヶ浜フグ延縄漁船は、トラフグ・カラスフグを漁獲するため黄海・東シナ海へ出漁し、山口県沖でマフグを漁獲する漁船が少なくなった。

　このような中、萩市の北東に隣接する阿武町奈古[4]の漁船が、越ヶ浜漁船に代わって山口県沖でマフグを漁獲するようになった。奈古には10トン以上船が5隻あり、これらの漁船は1950年代にはマイワシ流し網操業を行っていたが、マイワシ資源が減少したため、1961年頃からマフグの延縄操業を行った。奈古漁船がトラフグ・カラスフグではなくマフグを選択したのは、これまでフグ延縄操業の経験がなく、マフグの方がトラフグ・カラスフグよりも漁労技術が簡単であったためである。

　トラフグ・カラスフグは、魚群が時期別に広く回遊するので漁場探索に長年の経験が必要であり、活魚と鮮魚の価格差が大きいので、活魚で水揚げするための技術も習得する必要があった。

　一方マフグは、この当時資源量が豊富であり、魚群の移動が狭く瀬の周辺に分布することが多いので、マフグ漁の経験が少なくても容易に漁場を発見して大量に漁獲することができた。また、マフグは活魚と鮮魚の価格差が小さいので、活魚にせず鮮魚で水揚げすればよかった。

　なお、奈古漁船は1960年代半ばまではマフグのみを漁獲していたが、その後フグ延縄技術の習熟に努めたので、1960年代後半以降9〜12月は黄海・東シナ海でトラフグ・カラスフグ操業を行い、1月以降日本海側でマフグの操業を行うようになった。また、マフグの延縄漁具には当初松葉を使用していたが、マフグが漁具を噛み切らないことが判明したので、その後松葉（カタガネも同様）を使用しなくなった。

　下関唐戸魚市場統計によるマフグ取扱量は、1962年が200トン、1965年が700

トン、1973年には1,600トンのピークに達したが、その後1979年が100トン、1985年以降数10トンに激減した。奈古漁船はマフグ漁獲量の減少に伴いマフグ延縄を中止し、その後、黄海・東シナ海におけるトラフグ・カラスフグの延縄操業や日本海のバイかご操業を行ったが、水揚金額の減少や乗組員不足により1992年以降順次廃業した。

藤田（1988）[5]は日本海のマフグ漁獲量が減少したことについて、黄海から北海道まで一様に漁獲量の減少が進行し、マフグの資源状態は著しく悪化したが、乱獲があったとは考えられず原因が不明である、と述べている。

1985〜1993年のマフグ取扱量は数10トンに低迷したが、1994年以降100トン以上に回復した。奈古漁船は既に廃業したので、現在は越ヶ浜漁船が再びマフグ操業に着業し、19トン船が3〜4月に島根県隠岐地先で操業している（9月〜翌2月には山口県沖でトラフグ・サバフグを漁獲）。下関唐戸魚市場統計によると、マフグ取扱量は1999年以降200トンの年もみられる。なお、2002年と2007年にはマフグ取扱量が400トンに増加したが、これは、島根県の沖合底びき網（2そうびき）、北陸地方や北海道の定置網が漁獲したマフグが南風泊市場へ搬入されたためである。

以上から山口県萩地区におけるマフグ延縄の変遷をみると、①1964年までは越ヶ浜漁船が主体、②1965〜1984年は奈古漁船が主体、③1985〜1993年は漁獲減により操業せず、④1994年以降は再び越ヶ浜漁船が主体、の4つに区分できる。

4つの区分の中で、1965〜1984年はマフグ延縄の漁場開発が最も積極的に行われた時期であった。それは、奈古漁船がこの間に船型を大型化して、日本海西部海域で広く漁場探索を行ったためである[6]。1964年までのマフグ漁場は萩市見島から対馬周辺の近距離漁場であったが、1965〜1984年の間に、新たに3か所でマフグ漁場が発見された。1か所目は島根県隠岐地先[7]であり、奈古漁船が1960年代にマフグ延縄漁場を発見した。この当時、山口県マフグ延縄漁船は隠岐地先で自由に操業していたが、その後、フグ以外の魚種の混獲問題が発生したため、2002年以降島根県隠岐海区漁業調整委員会の指示（延縄承認制）

補論　マフグの漁業生産と消費の動向　137

により操業している。2か所目は韓国東岸の蔚山沖である。萩地区フグ延縄漁船は、これまで底延縄によりマフグを漁獲していたが、奈古漁船（富海江丸）が水深の深い蔚山沖で、韓国漁船が浮延縄によりマフグを釣っているのを発見した。これをきっかけに、奈古漁船も同海域で浮延縄により操業し、大型で身質の良いマフグを漁獲した。3か所目は1975年のみであったが、水深の深い北朝鮮東岸沖合（農林漁区881区、871区、702区、892区）で操業した。

　下関唐戸魚市場統計によりマフグの年別月別漁獲量の推移をみると、1970〜1980年代は12月、2000年以降は3月と4月にマフグの漁獲量が最も多い。これは、マフグの主要漁場が1970〜1980年代の山口県沖から、2000年以降島根県隠岐地先に変化したためである。

　図3−2（天然フグ（トラフグ・カラスフグ・マフグ）と養殖トラフグの価格の推移）をみると、1970〜1980年代にはマフグの価格が5,000円であった。この年代にはマフグがフグ食シーズン盛期の12月〜翌1月に多く漁獲され、天然トラフグの代用として扱われたので、高い値が付いた。しかし、2000年以降マフグの価格が1,000円前後に低下した。この年代にはマフグがフグ食シーズン終了後の3〜4月に多く漁獲され、需要がないので冷凍されることと、天然トラフグの代用がマフグから養殖トラフグに代わったため、マフグの地位が低下したためである。

3．最近のマフグ消費の動向

　マフグの資源は、1990年代にいったん大幅に減少したが、2000年以降少し回復し、南風泊市場のマフグ取扱量が100トン以上に増加した。東京では、1980年代までマフグの消費が多かったが、1990年代になるとマフグの激減と養殖トラフグの増加により、マフグの消費が減少した。

　しかし、東京を含む首都圏では現在でもマフグ食の伝統が残り、いくつかの店に受け継がれている。その1つ、「とらふぐ亭」グループの「ふぐよし総本店」は、主にマフグのコース料理を出す店であり、2010年頃横浜市桜木町に出店した。フグ食シーズンの9月〜翌3月にお客が多いのは当然であるが、それ以外

の月でもマフグ料理を食べるお客が結構多く、年間1万2,000人程度の来客がある。マフグのコース料理では、身欠きまたは丸魚を使用する。マフグのコース料理の値段は、「とらふぐ亭」のトラフグコース料理の6割程度である。また、京王線沿線の寿司チェーン店でも、マフグのコース料理を出しているところがあるようだ。マフグはチリの良い出汁がとれ、チリ材料としての評価が極めて高い。トラフグのコース料理にはなかなか手が届かない若い人には、まず、手頃な価格のマフグのコース料理から楽しんでもらいたい。

　また、2003年に下関市の加工業者（（株）蟹屋）が製造したマフグの生食類（刺身、タタキ、シャブシャブ等）も人気が高い。最近では、ある全国回転寿司チェーン店でもマフグの「タタキ」を鮨ネタとして利用している。マフグはトラフグに比べて水分が多いので、タタキや炙りにすることによって旨味が出て美味しい。マフグの実質的な商品価値からして、現在のマフグ価格は低すぎる。マフグの安い今がマフグ料理の食べ頃でもある。

補論　マフグの漁業生産と消費の動向　139

コラム16：フグの10大ニュース

　フグ業界のカリスマ的存在である松村久氏（下関唐戸魚市場（株）前社長）に、フグに関する出来事をインパクトが大きい順に10の項目を示してもらった（2015年聞き取り調査）。

　1位が1975年の松生丸事件。松生丸事件は三木武夫総理大臣が特別に記者会見を行うまでの大事件に発展した。日本は北朝鮮との間に国交がないため、日本社会党や日本赤十字社が問題解決のために尽力した。2位が1975年の人間国宝八代目板東三津五郎のフグ中毒死。板東三津五郎が危険を承知の上で毒性の高いフグ肝を4人前も平らげてなくなった。人間国宝が亡くなったことにより、日本国内のトラフグ消費が冷え切ってしまい、廃業したフグ料理店も発生。3位が2012年の東京都フグ条例の改正。期待に反して消費が増えなかったので、2013年と2014年には生産過剰により養殖トラフグ価格が暴落。

　4位が1980年のフグ延縄漁船による中国西限線侵犯事件。日中間の外交問題に発展し、フグの盛漁期に大量の漁船が停泊処分を受けた。5位が1983年の旧厚生省通達。全国の卸売市場にフグのポスターが貼られるきっかけとなり、またフグ輸入の円滑化につながった。6位が1986年の東京都フグ条例改正。フグ産地の加工場が加工した身欠きフグが宅配便により東京都内の家庭へ届けられるようになり、東京都内で身欠きフグの消費が増加。

　7位が1995年の阪神淡路大震災。フグシーズン中の1月にフグの大消費地が被災し、フグの出荷ルートが寸断されて、天然トラフグ価格が一時的に大暴落。8位が2008年秋のリーマンショック。バブル崩壊に続く景気の冷え込みにより会社の交際費や福利厚生補助金が削減されたため、トラフグ需要が激減。9位が国産養殖トラフグの品質の向上。トラフグ養殖は始まった当初、養殖作業の手間がかかり、斃死率も高く、身質も悪かったので、採算ベースに乗るのか危ぶまれた。トラフグ養殖技術の向上には驚くべきものがある。10位が1981年の全国ふぐ連盟の創設。フグ消費が拡大したことから創設されたフグ調理師の全国組織。

　上位6位まではすべて外務省と厚生労働省の案件であり、フグは他の魚介類とは異なり話題性が高いことを物語っている。

注

1）東京都中央卸売市場統計年報では、1961年からマフグの取扱量が記載されている。全国合計の取扱量をみると、1961年が400トン、1962～1968年が300トン、1969～1981年が200トン、1982～1988年が100トンであったが、1989年以降数10トンに減少し、2013年がわずか18トンであった。このうち、宮城県・福島県・茨城県・千葉県の取扱量は、1961～1963年は100～200トンであったが、1964年以降減少し、1968年以降数トンで低迷した。山口県産マフグの取扱量は、1961～1984年には100トンの年が多かったが、1985年以降数10トン、1999年以降数トンに減少。

2）松浦勉「漁獲組成から見た日本海西部海域のナメラフグ延縄漁業に関する2・3の知見」『UO』No. 32、pp.9-24、1983年。

3）水産庁研究部資源課『最近の我が国周辺海域における漁業資源動向』pp.284-285、1985年。

4）奈古地区は、海付農村から漁業が行われるようになり、戦前は5トン未満の無動力船により、網、一本釣りなどが行われるに過ぎなかった。奈古地区の10トン以上漁船は、1952年からシイラ漬け（6～10月）とマイワシ刺し網（12月～翌3月）による周年操業を行っていたが、1960年頃からマイワシが減少したため、冬季にはマイワシ流し網からマフグ延縄に転換した。その後黄海・東シナ海の漁場拡大に伴い、秋～冬に黄海・東シナ海でトラフグ・カラスフグ延縄、春にマフグ延縄、夏にシイラ漬けの操業を行った。

5）藤田矢郎「日本近海のフグ類」『水産研究叢書』第39巻、日本水産資源保護協会、128pp.、1988年

6）奈古のある経営体の漁船建造年をみると、1952年が10トン、1959年に15トン、1965年に19トン、1971年に42トン（以上、木船）、1977年に49トン（FRP船）。

7）マフグは産卵のため隠岐地先に来遊する。1964年から島根県隠岐郡西ノ島町の19トン型まき網漁船がマフグを漁獲するようになり、1968年には700トンのピークに達したが、1973年には100トンを下回り、1974年以降まき網によるマフグ漁獲を中止した。正確な年は不明であるが、奈古漁船は1960年代から隠岐地先でマフグ延縄操業を行っていたと思われる。

141

参考資料

①瀬戸内海西部海域・中央部海域におけるフグ延縄漁業の沿革

1877年頃：改良前のフグ延縄漁具が福岡県行橋市簑島から山口県周南市粭島に伝わる。

1897年頃：粭島の高松伊予作氏がカタガネとトラフグ用釣り針という画期的な漁法を考案。

1933年頃：大分県姫島の漁業者が粭島のフグ延縄漁船に乗船し延縄技術を習得。

1960年頃：愛媛県三崎の漁業者が粭島のフグ延縄漁船に乗船し延縄技術を習得。

1960年代半ば：粭島では19トン型と40トン型のフグ延縄漁船が黄海・東シナ海へ出漁。

1960年代半ば：香川県と岡山県の小型機船底びき網と袋待網が備讃瀬戸で産卵親魚を漁獲。

1966年：山口県水産種苗センターが周防灘へトラフグ種苗を放流。

1974年頃：広島県東部の吾智網や小型定置網が産卵親魚を漁獲。

1980年代：広島県走島周辺の小型定置網による産卵親魚漁獲が増加

1984年：瀬戸内海において天然トラフグ漁獲量が増え、フグを取り扱う流通業者が増加。

1985年：大分県では底延縄からスジ延縄への漁具転換が進む。

1987年：下関南風泊市場では1986年年級群の大量発生により、瀬戸内海産トラフグの取扱量が1,025トン。

1988年：瀬戸内海西部海域ではトラフグ等を対象に広域資源培養管理推進事業を実施。

1994年：山口県がトラフグの資源管理を実施し、粭島のフグ延縄漁船がハモ・アナゴ延縄などを兼業しフグ延縄専業船が減少。

2007年：日本海・東シナ海と瀬戸内海のトラフグ資源の系群を統合。

②黄海・東シナ海及び九州・山口北西海域におけるフグ延縄漁業と資源管理の沿革

明治中期：フグ延縄漁具（底延縄）が山口県周南市粭島から山口県萩市越ヶ浜へ伝わる。

1932年頃：太田栄作氏がフグ延縄漁具（浮延縄）を考案。

1939年頃：福岡県鐘崎のフグ延縄漁船は3トン未満船が福岡県沖で操業。

1962年頃：越ヶ浜のフグ延縄漁船は12〜13トン船が対馬周辺や済州道周辺で操業。李承晩ラインが設定されていたので拿捕保険をかけて操業。

1963年：鐘崎のフグ延縄漁船は7〜8トン船が福岡県沖で操業。

1963年：佐賀県馬渡島のフグ延縄漁船が済州海峡の領海を無害航行して黄海で操業。

1964年頃：鐘崎のフグ延縄漁船がトラフグ産卵期に九州各地で操業。

1972年：山口県遠洋延縄協議会（フグとアマダイ）が設立。

1975年：佐賀県呼子のフグ延縄漁船「松生丸」が領海侵犯の容疑で北朝鮮警備艇に銃撃され4人が死傷。

1976年：越ヶ浜のフグ延縄漁船が初めて59トン船を建造。

1977年：北朝鮮が経済水域を設定。

1979年：鐘崎のフグ延縄漁船が初めて19トン船を建造。

1980年：多数のフグ延縄漁船が黄海北部の中国西限線（軍事警戒線）内で侵犯操業。

1980年：「五島灘におけるフグ延縄漁業の自主規制と操業方法についての申し合わせ」の合意。

1982年：山口県漁連がトラフグ種苗（10cmサイズ）を黄海・東シナ海に放流。

1982年：西日本遠洋延縄漁業連合協議会が設立。

1984年：「黄海及び東シナ海の海域におけるふぐ延縄漁業の取締りに関する省令」が施行。

1985年：「五島灘、壱岐海域におけるフグ延縄漁業の自主規制と操業方法についての申し合わせ」の合意。

1985年頃：スジ延縄漁具が九州・山口北西海域に普及。

1988年：カラスフグの豊漁により南風泊市場は179億円の最高水揚げ。

1987年：長崎県大瀬戸町では、前年に2隻のトラフグ延縄漁船の好漁に刺激されて多数隻数が着業。

1988年：「西日本遠洋延縄漁業連合協議会」を「西日本延縄漁業連合協議会」に改組。

1989年：長崎県延縄漁業協議会が設立。

1991年：東シナ海で越ヶ浜のアマダイ延縄漁船が国籍不明船に襲撃。

1996年頃：黄海・東シナ海での韓国・中国漁船等との漁場競合により、日本のフグ延縄漁船は九州・山口北西海域で集中操業。

2002年：島根県隠岐海区漁業調整委員会の指示によりマフグ延縄漁業が承認制。

2003年：フグ資源回復計画の策定に向けて、日本海・九州西広域漁業調整委員会や関係4県が具体的な公的規制の検討を開始。

2004年：長崎県が有明海に50万尾の大量標識放流を開始。

2005年：九州・山口北西海域トラフグ資源回復計画を実施。

2005年：日本海・九州西広域漁業調整委員会がフグ延縄漁船に対し、総トン数10トンを境に承認制と届出制を設定。

2007年：日本海・東シナ海と瀬戸内海のトラフグ資源の系群を統合。

2008年：日本海・九州西広域漁業調整委員会の指示により、フグ延縄漁業の承認船を10トン以上から5トン以上に変更。

2014年：国際資源保護連合（IUCN）がカラスフグをレッドリストの絶滅危惧種（1A類）に指定。

③太平洋中海域におけるトラフグ延縄漁業の沿革

1935年頃：三重県と愛知県でフグ延縄漁業が発達。

1950年代初頭～1960年代初頭：用船された安乗のフグ延縄漁船が日本海の北は石川県輪島まで、太平洋の西は和歌山新宮まで、東は千葉県勝浦まで出漁。

1966年頃：静岡県浜名漁協（舞阪）がフグ延縄操業を開始。

1974年：日間賀島漁協は片名漁協と共同で片名市場を設立。

1976年：パールロードの開通により三重県安乗のフグ延縄漁船が水揚港を鳥羽から安乗に変更。

1976年：東海3県で52トンのトラフグを漁獲。

1978年：静岡県海面での操業に関し、浜名漁協、日間賀島漁協、安乗漁協が「3漁協協定書」を交わす。

1984年：東海3県で100トンのトラフグを漁獲。

1985年：日間賀島漁協がトラフグ種苗の放流を実施。

1985年：3漁協が釣り針と釣り針の間隔を7.5m以上に拡大。

1986年：3漁協が浮延縄と松葉を禁止。

1986年：安乗漁協がトラフグ種苗の放流を実施。

1987年：安乗漁協がトラフグの中間育成を実施。

1987年：浜名漁協の着火船組合がトラフグ種苗の放流を実施。

1989年：3漁協の操業協定書外で採捕サイズを600g以上に規制。

1989年：三重県と静岡県ではトラフグの大豊漁により、底延縄の他に新たにスジ延縄が導入。

1989年：日本栽培漁業協会の南伊豆事業場が開設。

1989年頃：愛知県豊浜漁協の小型機船底びき網（内湾）が小型トラフグの漁獲規制を開始。

1990年：安乗沖でトラフグ産卵場を発見。

1990年：静岡県フグ漁組合連合会が設立。

1991年：三重県フグ延縄連合協議会が設立。

1991年：三重県伊勢湾口地区フグ延縄協議会、愛知県フグ縄組合連合会、静岡県フグ漁組合連合会が「3県協定書」を交わす。

1995年：東海3県が放流技術開発事業（中回遊種トラフグ）を実施。

1995年：資源管理型漁業推進総合対策事業（第Ⅱ期）によるトラフグ資源管理を開始。

1996年：渥美外海・出山海域でトラフグ産卵場を発見。

1998年：トラフグ資源管理計画を検討。

2002年：「伊勢湾・三河湾小型底びき網漁業対象種資源回復計画」が策定。

2006年：トラフグの放流効果を高めるため、静岡県は三重県伊勢市有滝地先で共同放流を実施。

2006年：安乗のまき網漁船が産卵トラフグ漁獲を自粛。

④トラフグ蓄養業の沿革

1933年：山口県水産試験場瀬戸内分場が短期蓄養の試験を開始。

1935年頃：岡山県のハマチ養殖業者がトラフグ蓄養を試みる。

1935年：香川県で蓄養トラフグを初めて市場出荷。

1938年：広島県尾道市吉和町の矢野光太郎氏らは産卵親魚2,000尾を同県沼隈郡千歳村の汐ため池に放養し、その年の暮れに3,000kgの蓄養トラフグを出荷。

1939年：戦争の激化によりトラフグ蓄養事業がすべて中断（11年間の空白期間）。

1951年：岡山県邑久郡の内田七五三氏は間口湾で産卵親魚の越夏蓄養に成功。

1954年：福井県高浜町の今井五作氏が定置網で漁獲した産卵親魚を利用して蓄養を開始。

1958年：西日本のトラフグ漁獲量はフグ延縄で約1,060トン、産卵期の一本釣りおよび定置網で約310トン、計約1,400トンと推定。

1959～1962年：フグ蓄養の最盛期には小規模のものを含めると約35経営体、放養尾数が45万尾、出荷尾数25万尾。

1961年：福井県のトラフグ蓄養生産量がピークの58トン。

参考資料　145

1962年：瀬戸内海のトラフグ蓄養経営体数は30経営体、放養尾数が40万尾。
1962年：岡山県のトラフグ蓄養生産量がピークの62トン。
1963年：瀬戸内海では種苗用産卵親魚が不足し放養尾数が30万尾台を下回る。
1964年：瀬戸内海では種苗用産卵親魚が極端に不足し放養尾数が5万尾前後に減少。
1982年：鹿児島県高山町漁協が小型トラフグの蓄養を開始（1999年に蓄養を中止）。
1985年頃：広島県福山市田島漁協が小型トラフグの蓄養を開始。
1980年代後半：宮崎県延岡市島浦町漁協が小型トラフグの蓄養を開始（1995年に蓄養を中止）。
1987年：福井県の蓄養種苗（産卵親魚）は前年までは数万尾確保できたが、同年以降数千尾に減少。

⑤海面におけるトラフグ養殖業の沿革

1960年：藤田矢郎氏がトラフグの種苗生産を実験的に成功。
1964年：山口県水産試験場がトラフグ種苗を生産。
1972年：大阪市中央卸売市場が初めて養殖トラフグを扱う。
1973年：山口県外海栽培センターがトラフグ種苗放流を開始。
1973年：香川県東讃漁協が山口県水産種苗センターの種苗を養成し、体重400g以下のものを高値で販売。
1977年：愛媛県宇和島の養殖業者がトラフグを100〜700gに育成して大量に出荷。
1978年：愛媛県でトラフグ養殖が普及。
1979年：長崎県が天然親魚からの採卵を開始。
1980年：愛媛県の養殖トラフグ生産量が全国の30％を占める。
1981年：米国食品医薬局（FDA）がホルマリン（ホルムアルデヒド）の発ガン性を公表。
1981年：水産庁が1981年以降ホルマリンの使用禁止の通達を1997年12月までに5回出す。
1983年：近畿大学水産研究所が歯切りによって共食いを防止。
1984年頃：鹿児島県の城山合産㈱が奄美大島で養殖したトラフグを南風泊市場へ出荷。
1989年頃：長崎県水産試験場が天然親魚を用いた種苗生産技術を確立。
1993年：養成親魚（3年魚）からの採卵に成功。
1994年：下関南風泊市場では養殖トラフグが数量・金額ともに天然物を上回る。

1996年：熊本県河浦町の真珠養殖業者がトラフグ養殖業者のホルマリン使用禁止の仮処分申請。
1996年：長崎県鷹島では年2～3回の歯切りなどの技術改良によりトラフグ養殖経営が安定。
1997年：国内のトラフグ養殖生産量が5,961トンのピーク。
1999年：寄生虫駆除剤「マリンサワーSP」が発売。
2000年：熊本県天草不知火海区漁業調整委員会がホルマリン使用を全面禁止。
2001年：国内養殖生産量と輸入量を合わせてトラフグの国内供給量が約9,000トンに達した。
2003年（4月）：長崎県鷹島でトラフグ養殖のホルマリン使用が発覚。
2003年（5月）：ホルマリン使用を禁止する改正薬事法が施行。
2003年（10月）：熊本県は全国に先駆けて県独自のトラフグ生産履歴制度を創設。
2004年：寄生虫駆除剤「マリンバンテル」が発売。
2006年：全国海水養魚協会がトラフグ養殖部会を設置。
2006年頃：ホルマリン薬浴問題をきっかけに長崎県が「適正養殖業者認定制度」を創設。

⑥陸上におけるトラフグ養殖業の沿革

1997年：長崎県平戸市のヒラメ陸上養殖業者が液体酸素を使用したトラフグ養殖に転換。
2000年：長崎県松浦市の松浦水産㈱が試験用のトラフグ陸上養殖施設を設置。
2003年：松浦水産㈱がトラフグ陸上養殖を開始。
2005年：九州の陸上養殖トラフグの生産会社7社と関係資材企業2社の計9社が、「西日本トラフグ陸上養殖協議会」を設立。
2006年：長崎県松浦市の「松浦共同陸上魚類」がトラフグ陸上養殖を開始。
2007年頃：液体酸素の利用によるトラフグの成長促進効果が判明したため、熊本県ではクルマエビ陸上養殖経営体がトラフグ養殖へ転換。
2007年：大分県佐伯市下入津ではヒラメ陸上養殖業者がヒラメの他にトラフグの養殖を開始。
2008年：栃木県那賀川町で温泉水を利用した循環ろ過方式トラフグ養殖を開始。
2011年：ヒラメのクドア症の発生により、大分県下入津ではトラフグ養殖が増加。
2012年：大分県のトラフグ養殖業者が全国海水養魚協会・トラフグ部会に加入。

⑦中国におけるトラフグ養殖業の沿革

1980年代後半：福建省、浙江省沿岸で台湾資本と日本人技術者がトラフグ海面養殖
　　　　　　　（生け簀）を開始。
1990年：中国衛生部が「水産品衛生管理法」を施行し、フグ食の原則禁止を明文化。
1993年：大連市郊外にある天正集団がトラフグ養殖場を設立。
1993年：中国東北部ではウイルス性疾病の蔓延によりタイショウエビ陸上養殖が壊
　　　　滅。
1993年：中国がフグの安全食用に関する研究等を行うフグ安全食用協同組合を設立。
1994年頃：中国が種苗生産用の受精卵を日本から導入してトラフグ養殖を開始。
1995年頃：廃止されたエビ池を利用した粗放式養殖と越冬用屋内タンク養殖を組み
　　　　　合わせた養殖が急速に発展。
1995年頃：台湾におけるトラフグ養殖は日本からの受精卵や種苗（TL30mm）を用
　　　　　いて北東部のギラン、キールンで行われたが、成魚の対日輸出手続きの
　　　　　煩雑さ等で自然消滅。
1999年：中国産養殖トラフグの日本への輸出サイズは500〜600gが主体。
2000年：中国産養殖トラフグの日本への輸出サイズは600〜700gが主体。
2000年：第1回日中養殖フグ・シンポジウムを大連にて開催。
2001年：第2回日中養殖フグ・シンポジウムを下関にて開催。
2001年：日本河豚魚食文化紹介会を大連にて開催。
2001年：遼寧省や河北省のエビ池や網生け簀から秋に取りあげた中間魚を温暖な福
　　　　建省の沿岸まで活魚船で運んできて越冬させる試みが開始。
2002年：第3回日中韓養殖フグ・シンポジウムに韓国が初参加して大連にて開催。
2004年：第4回日中韓養殖フグ・シンポジウムが下関にて開催。
2004年：中国産養殖トラフグの日本への輸出サイズが800〜1,000gに大型化したため、
　　　　国産養殖トラフグと競合し国産養殖トラフグの価格が低迷。
2005年：第5回日中韓養殖フグ・シンポジウムが大連にて開催。
2005年：大連庄河市の大連富谷水産有限公司が中国最大規模のフグ加工場（年間処
　　　　理能力8,000トン）を稼働。
2006年：日本政府がポジティブリスト制度を導入。
2007年：相次ぐ中国食品問題から、国産と中国産の養殖トラフグは市場で別物とな
　　　　る。
2007年：国内のフグ外食専門チェーン店は使用する養殖トラフグを中国産から国産
　　　　への切替。

2007年：中国産養殖トラフグ生産量は2004～2006年には4,000トンであったが、2007
　　　　年から減産に転じる。
2008年：中国国内のフグ食解禁を視野に養殖フグの安全性をより確かなものにする
　　　　ため、中国漁業協会が「河豚分会」を設立。
2010年：中国衛生部が「水産品衛生管理法」を廃止。
2016年（３月）：中国農業部がフグ養殖場の登録管理制度を導入。

⑧下関におけるフグ流通・加工の沿革

1930年：関門ふく校友会が第１回「フグ供養祭」を実施。
1932年：唐戸市場の整備が開始。
1938年：下関ふく連盟（任意団体）が発足。
1950年：水産物統制が撤廃され下関唐戸魚市場㈱が設立。
1950年：下関唐戸魚市場仲卸人組合（任意組合）を５人で設立。「中尾」、平越、酒
　　　　井の３人が当初からフグを扱う。
1950年：「中尾」は下関市赤間町に加工場を建て、身欠きフグの量産化に取り組む。
1957年：下関の駅弁がフグめしを初めて売り出す。
1961年：「中尾」が大阪難波高島屋百貨店でフグの実演会を開催。
1964年：「中尾」が東京新宿京王百貨店でフグの実演会を開催。
1967年：下関唐戸魚市場㈱が「トラフグ」と「カラスフグ」を区別した統計を作成。
1969年：下関唐戸魚市場㈱が「活魚」と「鮮魚」を区別した統計を作成。
1974年：下関唐戸魚市場㈱がフグ市場を唐戸市場から南風泊市場へ移転。
1975年頃：「中尾」は全日空とタイアップして活魚を東京と大阪へ空輸。
1977年：南風泊市場に養殖トラフグが初上場。
1977年：「中尾」は下関大丸デパートの冬のギフトとして、フグ料理セットの販売を
　　　　開始。
1978年頃：養殖トラフグの南風泊市場への集荷が本格化。
1981年：山口県がフグ条例を制定。
1981年：下関ふく連盟が２月９日を「フグの日」に制定。
1983年：「中尾」が宅配便によるフグ料理品のセット販売を開始。
1984年頃：鹿児島県の城山合産㈱が奄美大島の養殖トラフグを南風泊市場へ出荷。
1985年当時：下関の仲買出荷は「丸魚」と「加工」の比率が７：３。仕向先は大都
　　　　　　市卸売市場が60％、大都市問屋が20％、料理店が20％。

1986年：東京都フグ条例改正により産地直送によるフグ宅配便を開始。
1988年：南風泊市場の天然トラフグ取扱量が急激に減少。
1988年：第1回「宮家フグ献上」（1994年に秋篠宮家が加わる）。
1988年：南風泊市場は最高の取扱金額（179億円）。
1988年：1億総グルメ。この夏、シーズンオフにもかかわらず活魚フグの注文が殺
　　　　到。
1988年：南風泊市場が「活魚センター」を整備。
1989年：山口県の県魚が「フク／フグ」に決定。
1989年：米国へのフグ輸出が正式認可。下関フグ輸出組合が設立。
1991年：愛媛県の機械メーカーが皮スキ機を開発。
1991年：九州・山口北西海域におけるトラフグ漁獲量が急激に減少。
1991年：「中尾」が年間を通して一貫処理加工体制の新加工場を整備（国産養殖トラ
　　　　フグ生産量は1991年の2,893トンから1992年には4,068トンに増加）
1992年：3万2,000m²の蓄養水面を持つ南風泊水産加工団地施設利用協議会が設立。
1992年：南風泊市場が天然トラフグにおいて「放流」という新しい銘柄を作る。
1995年：南風泊市場の活魚蓄養施設と加工団地の造成が完成。
2000年：養殖トラフグの価格は天然トラフグの3割程度。
2001年：トラフグの国内養殖生産量と輸入量の合計が約9,000トン。
2006年：下関フグ輸入組合が設立。
2011年：リーマンショック等による高級食材の消費減少の煽りを受け、「中尾」が事
　　　　業を縮小。
2011年：下関ふく連盟を発展的に解消し、協同組合下関ふく連盟（中小企業法）が
　　　　設立。

⑨大阪におけるフグ流通・消費の沿革

1896年：大阪府は魚市場でのフグの販売を禁止（1930年まで禁止が続く）。
1920年：フグ料理店「づぼらや」が創業。
1931年：大阪市中央卸売市場が開場。
1931年：大阪府は魚市場でのフグの販売を許可制。
1941年：水産物が統制になり仲買人制度が廃止され配給制。
1941年：大阪府が「フグ販売営業取締規則」を制定し、フグ調理法の講習会を受け
　　　　たものに限り営業を許可。

1948年：大阪府がフグ条例を制定。

1950年：水産物統制が解除され仲買人制度が復活。

1950年：大阪市中央卸売市場にフグが入荷（1968年にセリが始まるまで仲卸1社が扱う）。

1951年頃：大阪湾ではトラフグがイワシ巾着網により大量漁獲。

1955年頃：トラフグの需要が増え、淡路・紀州・大阪湾・伊勢湾のフグだけでは足らず下関のフグを入荷。

1962年：「づぼらや」は全国の天然トラフグの6割を消費。

1965年：外食フグ料理チェーン店「ふぐ政」が創業。

1968年：大阪市中央卸売市場に大阪水産卸ふぐ組合が設立。

1968年：大阪市中央卸売市場で正式にフグが上場されセリ取引が開始（全国6大中央卸売市場の中では最初）。

1970年：岡山県下津井の産卵親魚の漁獲量が減少。

1971年頃：韓国からの天然トラフグ輸入が始まる。

1972年：大阪市中央卸売市場が初めて養殖トラフグを扱う。

1975年：大阪市中央卸売市場の仲卸店舗が簡易調理台を設置。丸魚を無内臓にして納めることが可能になり、販売量が増加。

1977年：フグ流通業者「浜藤」が天然フグ輸入の失敗により事業を縮小。

1980年：外食フグ料理チェーン店「関門海」が大阪府藤井寺市に開業。

1980年頃：中国から天然フグの輸入が始まる。

1980年代前半：北朝鮮から天然フグの輸入が始まる。

1994年頃：養殖トラフグを扱う料理屋が増加。

1998年：フグ流通業者「いけ万」が「いなつふぐ」の商標登録。

2005年：大阪市中央卸売市場でフグを扱う仲卸業者が増加。

2007年：外食フグ料理チェーン店は養殖トラフグを中国産から国産に切り替え。

2007年：トラフグ相場の低下によりフグを扱う量販店が増加。

2009年：大阪市中央卸売市場では、仲卸が場内で加工して身欠きや切り身の真空パックで販売する店が増加。

2010年頃：量販店が養殖トラフグの身欠き・フグ鍋・刺身セットを販売

2015年：大阪の外食フグ料理チェーン店に来店する訪日外国人観光客が急増。

⑩東京におけるフグ流通・消費の沿革

1888年：東京府警視庁が「医師、中毒者ヲ診察シタルトキ届出方」を布令。
1892年：東京府警視庁が「河豚販売ニ関スル取締」を布令。
1929年：東京ふぐ料理連盟が設立。
1949年：東京都がフグ条例を制定。
1950年：東京築地魚市場ふぐ組合の前身であるふぐ部が設立。
1953年：ふぐ部有志がフグ供養を始める。
1956年：東京で第1回フグ供養祭（ふぐ部正式行事として）を実施。
1959年：東京築地魚市場ふぐ組合が設立。フグ除毒所が完成。
1980年：東京のふぐ組合解散及びふぐ卸売協同組合が設立。
1981年：全国ふぐ連盟が設立。
1986年：東京都のフグ条例が、「ふぐ取扱業等取締条例」から「東京都ふぐの取扱い
　　　　規則条例」に全面改正。
1996年：「東京一番フーズ」が外食フグ料理チェーン店「とらふぐ亭」関東圏1号店
　　　　を出店。
1999年：「関門海」が外食フグ料理チェーン店「玄品ふぐ」関東圏1号店を出店。
2012年：東京都がフグ条例を改正。

⑪フグにおける取締・規制の沿革

1592～1598年：文禄・慶長の役で朝鮮半島に出兵する兵士達がフグ中毒死したため、
　　　　　　　豊臣秀吉がフグ食禁止令を出す。
1779年：徳川幕府が「フグの魚売買の儀に仰せ出され候事」の口達書。
1885年：政府が「違警罪即決令」を布告し、全国でフグ食が禁止。
1888年：山口県令が違警罪即決令にあった「河豚食の罪目」を削除させ、山口県は
　　　　全国で最初にフグの食用を認める。
1947年：「食品衛生法」を制定。
1948年：大阪府が全国に先駆けてフグ条例を制定。
1949年：東京都がフグ条例を制定。
1950年：京都府がフグ条例を制定。
1958年：フグ中毒患者数は289人、うち死亡者が176人。
1975年：人間国宝の八代目板東三津五郎が京都でフグの肝を食べて中毒死。

1981年：山口県がフグ条例を制定。

1983年：旧厚生省が「フグの衛生確保について」を通達。

2010年：消費者庁次長名の通達により、「フグ加工品（刺身やチリ加工品）」の加工年月日表示が不要。

あとがき

　著者は、長崎大学水産学部 3 年と 4 年の時（1973・1974年）に、山口県萩地区フグ延縄漁業の実態調査を行った。私の父（山口県阿武郡阿武町奈古）が当時、フグ延縄漁船船主で、母が越ヶ浜出身であったため、その縁で阿武町奈古と萩市越ヶ浜のフグ延縄漁業者の協力を得ることができた。また、小野英雄唐戸魚市場（株）元社長（当時、常務）が奈古の出身であったので、唐戸魚市場（株）の協力も得ることができた。

　水産庁入庁（1976年）後、堀田秀之博士（当時、水産庁東北区水産研究所企画連絡室長。その後、日本エヌ・ユー・エス（株）本部長）の指導を受けて、1978年に「漁獲組成からみた東シナ海・黄海におけるフグ漁業に関する 2・3 の知見」、1983年に「漁獲組成からみた日本海西部海域のナメラフグ延縄漁業に関する 2・3 の知見」を取りまとめて、「魚の会」（伊藤魚学研究振興財団会長は、阿部宗明博士）の『UO』という雑誌に投稿した。前者の論文は、中国の科学雑誌『海洋漁業』（1981年第 4 期）に紹介された。

　水産庁振興部沿岸課調整第 1 班係長に在職中の1980年には、フグ延縄漁船による中国西限線侵犯事件が発生したことから、再発防止のために水産庁長官通達を起案した。水産庁研究課研究調整班係長に在職中の1983年には、農林水産技術会議事務局予算の農林水産業特別試験研究費補助金（応用研究）「東シナ海とその隣接海域におけるトラフグ類の分類学的研究」（1982～1984年）を予算化した。また、水産庁国際課課長補佐（東アジア班担当）に在職した1992～1994年には日中・日韓における日本のフグ延縄漁船と外国漁船の操業問題にかかわった。

　著者は、1999年に水産庁中央水産研究所経営経済部（現在の水産研究・教育機構中央水産研究所経営経済研究センター）に異動した。そして、第 3 期中期計画（2011～2015年）において、経営経済研究センターが担当した「本州中部内湾域における重要水産物資源の培養と合理的利用（トラフグ）」（宮田勉グルー

プ長が主担当）と「養殖生産物・飼餌料の需給分析及び養殖経営の経済性評価」（玉置泰司グループ長、その後、桟敷孝浩グループ長が主担当）の2つの交付金課題において、「伊勢・三河湾の天然トラフグ流通」と、「全国主要県のトラフグ養殖経営」の調査研究を行う機会に恵まれた。また、水産研究・教育機構増養殖研究所南伊豆庁舎の鈴木重則主任研究員の協力により、浜名漁協所属フグ延縄漁船に乗船することができた。

　これらの調査において、関係県の延縄漁業者と養殖業者、県庁、県水産研究機関、漁協、卸売市場、民宿・旅館等、観光協会、フグ料理店など、多くの方々からお話を伺うことができた。特に、太平洋中海域トラフグ研究会のメンバーであった三重県・愛知県・静岡県・神奈川県の水産研究機関、並びに全国海水養魚協会・トラフグ養殖部会7県の養殖業者の方々には大変お世話になった。また、下関唐戸魚市場（株）の松村久前社長と原田光朗社長、（株）みなと山口合同新聞社みなと新聞の佐々木満前下関支社長、大阪市中央卸売市場本場市場協会の酒井亮介さんには、フグ関係資料を快く提供して下さり大変お世話になった。改めて厚く御礼を申し上げる。

　第3中期計画の交付金課題は2015年度で終了した。その間に各年度のフグ研究成果の報告書は作成したが、論文を作成することができなかった。本書はすべて書き下ろしであるが、荒削りな原稿を時間を割いて読んでいただいた玉置泰司主幹研究員（中央水産研究所経営経済研究センター）には深く感謝申し上げる。

　最期に、子供の頃からフグの味に親しむことができ、また、著者がフグの研究を志すきっかけを作ってくれた我が父・松浦勝（フグ延縄漁船主、下船後ヒラメ・トラフグ陸上養殖場を経営）に本書を捧げたい。

2016年11月10日

松浦　勉

索　引

数字・欧文

1986年の東京都フグ条例改正 ················ 100
200海里水域内漁業資源調査 ····················· 3
2012年の東京都フグ条例改正 ················· 81
３漁協協定書 ···································· 40
３県協定書 ······································ 41
３県代表 ·· 41
３年トラフグ ···································· 71
EP ··· 79

あ行

愛知県栽培漁業センター ·················· 54
愛知県フグ縄組合連合会 ·················· 38
阿翁浦 ··· 75
秋篠宮家 ······································· 35
阿納 ······································ 74, 126
阿納養魚組合 ··································· 74
安乗 ··· 39
安乗フグ協議会 ······························ 121
安乗フグ取扱店認定制度 ·················· 121
淡路島３年トラフグ ························· 75
粟島 ··· 73
安徳天皇 ······································· 35
いいふぐの歌 ··································· 94
いいフグの日 ··································· 35
活かり気 ······································ 109
違警罪即決令 ································· 113
活け締め技術 ··································· 98
いけ万 ·· 109

医師、中毒者ヲ診察シタルトキ届出方 ····· 109
伊勢・三河湾系群 ······························· 5
伊勢湾・三河湾小型機船底びき網漁業対象
　種資源回復計画 ···························· 41
一斉公休日 ···································· 40
一本釣り ······································ 11
いなつふぐ ··································· 109
ウーマンズフォーラム魚 ·················· 84
魚の会 ·· 153
浮延縄漁具 ···································· 47
内田七五三 ···································· 62
海砂利採取 ···································· 67
宇和島 ··· 71
エラムシ対策 ·································· 69
遠州灘フグ調理用加工協同組合 ············ 122
大阪水産卸ふぐ組合 ······················· 108
大阪難波高島屋百貨店 ····················· 111
大阪のシンボル ····························· 118
大田栄作 ······································ 47
沖合底びき網（２そうびき） ·············· 134
小野英雄 ································· 98, 153
尾張藩 ·· 130
温泉トラフグ ·································· 82

か行

外海トラフグ ································· 101
掛け流し方式 ·································· 80
カタガネ ······································ 45
片名市場 ······································ 38
片山化学工業研究所 ························· 79

活魚センター …………………… 100	講習制度 …………………… 114
活魚ブーム ……………………… 99	皇太子殿下 ……………………… 35
蟹屋 …………………………… 138	国営公司 ………………………… 18
カニ料理 ……………………… 124	国際資源保護連合 ……………… 18
鐘崎 …………………………… 32	国籍不明船 ……………………… 26
カラスフグ ……………… 17, 102	越ヶ浜 …………………………… 24
唐戸市場 ……………………… 98	御所浦 …………………………… 72
カリグス寄生 …………………… 78	吾智網 …………………………… 13
カリスマ的存在 ……………… 139	
皮スキ機 ……………………… 111	**さ行**
カンコ ………………………… 106	サバフグ属 ……………………… 97
がんこ ………………………… 115	産卵回帰 ………………………… 52
舘山寺温泉 …………………… 122	シイラ …………………………… 32
舘山寺温泉観光協会 ………… 123	資源管理指針・計画 ……… 34, 42
関門ふく交友会 ………………… 35	資源管理のあり方検討会 ………… i
紀伊水道 …………………………… 8	資源を育む長崎の海づくり事業 …… 54
季節民宿 ……………………… 124	志々伎 …………………………… 31
木曽路 ………………………… 130	静岡県温水利用研究センター …… 54
九州・山口北西海域トラフグ資源回復計画	静岡県フグ漁組合連合会 ……… 38
…………………………… 33, 49	下入津 …………………………… 83
救世主的存在 …………………… 73	島浦町漁協 ……………………… 65
漁業後継者予備軍 ……………… 34	島根県隠岐地先 ……………… 136
魚体の異臭問題 ………………… 89	下津井 ……………………… 12, 85
口白症 …………………………… 68	下津井漁協 ……………………… 52
下松翔 …………………………… 94	下関唐戸魚市場 ………………… 98
クドア症の風評被害 …………… 73	下関唐戸魚市場統計 ………… 101
宮内庁 …………………………… 35	下関フグ ………………………… 98
熊本県水産研究センター ……… 79	下関ふく連盟 …………………… 89
熊本県適正養殖業者認証制度 … 79	集中操業 ………………………… 34
黒い筋 …………………………… 63	周年民宿 ……………………… 124
玄品ふぐ ……………………… 115	集約式養殖 ……………………… 87
減船事業 ………………………… 23	循環ろ過方式 …………………… 80
高価格期 ………………………… 92	春帆楼 ………………………… 114

索引　157

場外のフグ流通業者 …………………… 108
松生丸事件 ……………………………… 22
承認制 …………………………………… 33
昭和天皇 ………………………………… 35
食中毒統計資料 ………………………… 114
食品衛生法 ……………………………… 114
城山合産 ………………………………… 68
新日韓漁業協定 ………………………… 22
新日中漁業協定 ………………………… 22
新松浦漁協の削減計画 ………………… 78
水産庁長官通達 ………………………… 56
水産品衛生管理法 ……………………… 87
粘島 ………………………………………… 9
粘島方式 ………………………………… 45
スジ延縄 ………………………………… 49
スダチ …………………………………… 127
青年宿 …………………………………… 29
世界の珍料理トップ10 ………………… 129
世田谷区立船橋中学校 ………………… 84
絶滅危惧種 ……………………………… 18
全国海水養魚協会 ……………………… 78
全国ふぐ連盟 …………………………… 139
船上入札 ………………………………… 106
早期出荷 ………………………………… 76
底延縄漁具 ……………………………… 45
粗放式トラフグ養殖 …………………… 86

た行

大衆漁業 ………………………………… 18
タイショウエビ ………………………… 86
橙 ………………………………………… 127
対米フグ輸出 …………………………… 100
太平洋中海域トラフグ研究会 ………… 154

大連市水産局 …………………………… 89
鷹島 ………………………………… 31, 75
高浜町 …………………………………… 64
高松伊予作 ……………………………… 45
高松宮 …………………………………… 35
高山町漁協 ……………………………… 65
卓越年級群 ………………………… 52, 67
田島漁協 ………………………………… 65
タチウオ延縄漁具 ……………………… 49
旅漁 ……………………………………… 44
玉江浦 …………………………………… 29
たまりフグ ……………………………… 43
蓄養 ……………………………………… 61
知事許可漁業 …………………………… 51
中価格期 ………………………………… 92
中国西限線 ………………………… 27, 56
椿泊 ………………………………………… 8
づぼらや ………………………………… 118
低価格期 ………………………………… 92
停泊処分 ………………………………… 56
手持 ……………………………………… 38
テツ ……………………………………… 107
テッポウ ………………………………… 107
天竹 ……………………………………… 116
東海3県 ………………………………… 36
討議の記録 ……………………………… 58
東京新宿京王百貨店 …………………… 111
東京都中央卸売市場年報 ……………… 133
東京ふぐ料理連盟 ……………………… 104
徳山市場 ………………………………… 10
届出制 …………………………………… 33
鳥羽丸中魚市 …………………………… 104
富海江丸 …………………………… 84, 137

トラフグ ……………………… 19
トラフグ属 …………………… 97
トラフグ大使 ………………… 94
とらふぐ亭 …………… 117, 126
トラフグの大衆化 …………… 118
トラフグ養殖実態調査 ……… 78
トラフグ養殖部会 …………… 70
トラフグ用釣り針 …………… 45

な行

内海トラフグ ………………… 102
内航船船員 …………………… 26
なかお ………………………… 111
中尾勇 ………………………… 111
那珂川町 ……………………… 82
長崎県適正養殖業者認定制度 ……… 77
長崎県延縄漁業協議会 ……… 31
奈古 …………………………… 135
名古屋 ………………………… 130
名古屋鉄道株式会社 ………… 119
菜種フグ ………………… 11, 67
夏フグ ………………………… 126
南條水産 ……………………… 12
西日本遠洋延縄漁業連合協議会 …… 27
西日本延縄漁業連合協議会 … 28
西由岐 ………………………… 8
日韓共同規制水域 …………… 32
日韓漁業共同委員会 ………… 27
日中韓養殖フグ・シンポジウム …… 89
日本海・九州西広域漁業調整委員会 … 33
日本海・東シナ海・瀬戸内海系群 … 5
日本河豚魚食文化紹介会 …… 89
年間魚 ………………………… 118

は行

パールロード ………………… 39
南風泊市場 …………………… 98
歯切り技術 …………………… 69
畑水産 ………………………… 100
浜藤 …………………………… 108
浜のかあさんと語ろう会 …… 84
播磨灘 ………………………… 8
板東三津五郎 ………………… 139
備讃瀬戸 ……………………… 11
灯船運搬船 …………………… 31
火野葦平 ……………………… 100
日間賀島観光協会 …………… 119
姫島 …………………………… 98
日向湖 ………………………… 64
広島県水産海洋技術センター … 52
フグ一元集荷 ………………… 98
フグ供養祭 …………………… 35
フグ工場 ……………………… 122
フグ処理施設 ………………… 100
フグ汁 …………………… 116, 127
ふぐ政 ………………………… 115
フグ樽流し …………………… 51
フグ調理師 …………………… 110
フグ取締り省令 ……………… 27
フグの衛生確保について …… 97
フグの女王 …………………… 133
フグの大衆化 ………………… 111
フグの暖簾 …………………… 115
フグの日 ……………………… 35
フグ延縄漁業の発祥の地 …… 9
フグ販売営業取締規則 ……… 107

索 引　159

河豚販売ニ関スル取締 ……………………… 109
ふぐ部 …………………………………………… 110
フグ祭り ………………………………………… 35
ふぐよし総本店 ……………………………… 137
福良 ……………………………………………… 74
袋セリ ………………………………………… 106
袋待網 …………………………………………… 12
藤田矢郎 ………………………………………… 68
分散操業 ………………………………………… 34
文禄・慶長の役 ……………………………… 113
米国リーダーズダイジェスト誌 ………… 129
北緯38度以北 ………………………………… 17
ポジティブリスト制度 ………………………… 87
堀田秀之 ……………………………………… 153
ホルマリン使用禁止 …………………………… 72
ホルマリン抜きの養殖技術 ………………… 72
本四架橋 ………………………………………… 67
ホンブク ……………………………………… 101

ま行

賄い ……………………………………………… 29
馬渡島 …………………………………………… 22
松浦共同陸上魚類 ……………………………… 82
松浦水産 ………………………………………… 82
松葉 ……………………………………………… 47
松村久 ………………………………………… 139
マフグ ………………………………………… 133
マフグの「タタキ」 ………………………… 138
マリンサワーSP ……………………………… 69
マリンバンテル ………………………………… 69
丸兼 ………………………………………… 62, 108
丸幸 …………………………………………… 104
三重県栽培漁業センター …………………… 54

三重県フグ延縄連合協議会 ………………… 37
身欠き作業 ……………………………………… 99
身欠きフグ ……………………………………… 99
三崎 ……………………………………………… 98
南伊豆庁舎 ……………………………………… 54
簑島 ……………………………………………… 45
宮家フグ献上 …………………………………… 35
夫婦船 …………………………………………… 39
明治製菓 ………………………………………… 79
名鉄海上観光船株式会社 …………………… 120
布刈瀬戸 …………………………………… 11, 13
目利き力 ………………………………………… 99
メフグ …………………………………………… 88
免許制度 ……………………………………… 114
木製魚箱 ………………………………………… 98

や行

屋島庁舎 ………………………………………… 52
ヤセ病 …………………………………………… 68
ヤセ病の検索技術 ……………………………… 79
山口県遠洋延縄協議会 ………………………… 27
山口県遠洋延縄漁業の発祥の地 …………… 29
山口県水産種苗センター …………………… 52
養殖場の登録管理制度 ………………………… 88

ら行

リーマンショック ……………………………… 87
陸上越冬施設 …………………………………… 86
陸の孤島 ………………………………………… 39
李承晩ライン …………………………………… 22
ロウ引きの段ボール箱 ………………………… 99

執著者紹介

松浦　勉 (まつうら　つとむ)

1952年	山口県生まれ
1975年	長崎大学水産学部卒業
1976年	水産庁入庁
	（この間、科学技術庁海洋開発課、鳥取県農林水産部、宇宙開発事業団に出向）
1999年	中央水産研究所経営経済部配属
	（主任研究官、比較経済研究室長、動向分析研究室長）
2006年	博士（水産科学）・北海道大学授与
2006年	中央水産研究所水産経済部国際漁業政策研究員
2011年	中央水産研究所経営経済研究センター主幹研究員
2013年	中央水産研究所経営経済研究センター研究開発専門員

主要著書

『漁業管理研究』（成山堂、1991、共著）
『21世紀のくにづくりを考える』（TOTO出版、1991、共著）
『東アジア関係国の漁業事情』（海外漁業協力財団、1994、編著）
『漁村の文化』（漁村文化懇談会、1997、共著）
『宇宙開発と種子島』（東京水産振興会、1998、単著）
『続・日本漁民史』（舵社、1999、共著）
『漁業経済研究の成果と展望』（成山堂、2005、共著）
『競争激化の中で成長を続ける東南アジアの養殖業』（東京水産振興会、2006、単著）
『東南アジア関係国のマングローブ汽水域における養殖管理の比較分析』（英文）（国際農林水産業研究センター、2007、編著）
『魚食文化の系譜』（雄山閣、2008、編著）
『沖底（2そうびき）の経営構造』（北斗書房、2008、単著）
『三大内湾域のアサリ漁業と東京湾の再生』（東京水産振興会、2010、単著）
『頑張っていますわれらが漁村（漁村地域活性化事例集）』（新水産新聞社、1991、編）

トラフグ物 語
－生産・流通・消費の構造変化－

2017年 1 月18日　印刷
2017年 1 月25日　発行　ⓒ　　　定価は表紙カバーに表示しています。

著 者　松浦　勉
発行者　磯部　義治
発 行　一般財団法人 農林統計協会
〒153-0064　東京都目黒区下目黒 3 - 9 -13　目黒・炭やビル
http://www.aafs.or.jp
電話　普及部　03-3492-2987
編集部　03-3492-2950
振替　00190-5-70255

Tiger Puffer Story The Structure Changes of Production,
Distribution and Consumption

PRINTED IN JAPAN 2017

落丁・乱丁本はお取り替えいたします。　　印刷　昭和情報プロセス㈱
ISBN978-4-541-04124-1　C3062